探索机器人世界

本书编写组◎编

TANSUO
JIQIREN
DE SHIJIE

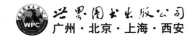

世界图书出版公司

广州·北京·上海·西安

图书在版编目（CIP）数据

探索机器人的世界/《探索机器人的世界》编写组
编著. —广州：广东世界图书出版公司，2010 .2 （2024.2 重印）
ISBN978－7－5100－1617－2

Ⅰ. ①探… Ⅱ. ①探… Ⅲ. ①机器人－青少年读物
Ⅳ. ①TP242－49

中国版本图书馆 CIP 数据核字（2010）第 010074 号

书　　名	探索机器人的世界	
	TANSUO JIQIREN DE SHIJIE	
编　　者	《探索机器人的世界》编写组	
责任编辑	张东文	
装帧设计	三棵树设计工作组	
出版发行	世界图书出版有限公司　世界图书出版广东有限公司	
地　　址	广州市海珠区新港西路大江冲 25 号	
邮　　编	510300	
电　　话	020–84452179	
网　　址	http://www.gdst.com.cn	
邮　　箱	wpc_gdst@163.com	
经　　销	新华书店	
印　　刷	唐山富达印务有限公司	
开　　本	787mm×1092mm　1/16	
印　　张	10	
字　　数	120 千字	
版　　次	2010 年 2 月第 1 版　2024 年 2 月第 10 次印刷	
国际书号	ISBN　978-7-5100–1617-2	
定　　价	48.00 元	

前　言
PREFACE

目前地球上生活着 60 多亿人，他们有不同的肤色、语言和文字，属于不同的民族，具有不同的生活方式和风俗习惯，居住在不同的国家和地区。但是他们的形貌、人体的组织构造以及他们繁衍生息的方式都是相同的，其机体都是由生物细胞组成，是具有生命的最高级的"生物人"。

地球上有没有区别于这种"生物人"的其他人种呢？据说，在深山野林和茫茫雪原中，还居住着野人和雪人，然而，经过许多探险家不畏艰辛的多年考察，至今尚未得到证实。还有外星人的传说，这也是一个没有答案的问题。

近几十年来，世界上一些国家的科学家正在热火朝天地研究克隆技术，这是一种用生物技术由无性生殖产生与原个体有完全相同基因组织后代的技术，如今这种技术正在不断成熟中，人们已经能够克隆出牛和羊，也有科学家将目光放在人身上。然而，不管这项技术有着怎样的争议，我们克隆出的牛羊哪怕是人依然没有改变大家都是"生物人"的事实，世界依然是人类的天下。

刚刚过去的 20 世纪，是人们发明创造灿烂无比的世纪，各种层出不穷的发明极大地改善着人们的生活，其中一项智能机器——机器人就是 20 世纪最伟大的发明之一。从第一台机器人诞生以来，在短短的几十年时间，机器人的产量急剧增加，应用范围日益扩大，几乎涉及了社会生产和人类生活的各个领域，数据显示，机器人正在逐步成为人类不可缺少的助手。这是在地球上除了生物人之外的第二种"人"，我们称之为人类的"新异族"。

许多人，尤其是广大青少年，对人类"新异族"——机器人都有着异乎寻常的兴趣，因为它们所表现出来的行为那么神奇，加上科幻文学作品和影

视传媒的渲染，机器人高强的本领、神通广大的技能和无所不能的力量都让我们望尘莫及。虽然这一切都经过了夸张想象的处理，但是这并不妨碍我们对机器人的兴趣。

目前，机器人在现代化生产和军事技术领域已经得到广泛应用，全世界许多国家都在大力发展机器人技术，并将其列为国家重点发展项目。专家预言，在不远的将来，机器人会占据一切应用领域，即不仅在生产领域，而且会在我们的日常生活中出现，例如家庭用机器人，将会像今天的电脑和移动电话那样普及，到那时，机器人"新异族"的角色将越来越重要，将成为人类真正的好伙伴。

本书汇编了关于机器人的各种知识，结合生动的图片，将为各位朋友打开一幅机器人发展史的画卷，让大家以一种欢快的心情认识人类的新伙伴。由于编者的水平和视野有限，加上机器人的发展水平正在不断地迅速更新，全书涉及的内容跨度很大，难免有疏漏和不足之处，在此还敬请各位读者不吝指正。

Contents
目　录

人与机器人 ································· 1

机器人来了 ································· 1

机器人的概念 ··························· 4

走进机器人的世界 ···················· 6

机器人有危险吗 ······················ 11

人类的助手和朋友 ···················· 13

机器人发展记 ···························· 15

古代也有机器人 ······················ 16

机器人的成长 ·························· 18

机器人的进化 ·························· 21

机器人学说话 ·························· 25

走向辉煌的未来 ······················ 26

机器人的构造 ···························· 30

机器人的构造 ·························· 30

机器人的执行系统 ···················· 32

机器人的传动机构 ···················· 34

机器人的指挥系统 ···················· 35

机器人的神经系统 ···················· 38

机器人的五官 ······················· 40

机器人的新结构 ····················· 45

机器人的新型"肌肉" ··············· 46

机器人本领大 ····················· 48

追赶人脑的机器人脑 ················· 48

机器人的好处 ······················· 50

有大用的微型机器人 ················· 53

军事中的机器人 ····················· 54

合格的服务员 ······················· 59

机器人的月宫之旅 ··················· 60

火星的另类访客 ····················· 65

逗你玩的娱乐机器人 ················· 68

各色机器人面面观 ················· 79

农林蓄养机器人 ····················· 79

工业机器人 ························· 93

医疗机器人 ························· 101

服务机器人 ························· 106

工程机器人 ························· 118

空间机器人 ························· 127

水下机器人 ························· 132

空中机器人 ························· 136

地面军用机器人 ····················· 146

救援机器人 ························· 151

人与机器人

REN YU JIQIREN

机器人是高级整合控制论、机械电子、计算机、材料和仿生学的产物，在工业、医学、农业、建筑业甚至军事等领域中均有重要用途。现在，国际上对机器人的概念已经逐渐趋近一致。一般来说，人们都可以接受这种说法，即机器人是一种靠自身动力和控制能力来实现各种功能的机器。联合国标准化组织采纳了美国机器人协会给机器人下的定义："一种可编程和多功能的操作机；或是为了执行不同的任务而具有可用电脑改变和可编程动作的专门系统。"

机器人来了

人们走进机器人实验室或者去参观机器人展览会，就会发现绝大多数机器人根本不像我们生物人，尤其是用于工农业生产上的产业机器人和用于军事上的军用机器人，在外形上与我们人类毫无共同之处，其形状千奇百怪。

从 20 世纪 80 年代发展起来的部分服务型机器人和娱乐型机器人，已经初步具有了人的形貌，其头部、身躯和手臂大致可以区分开来，这是一种仿人形机器人。但是，即使这种机器人与我们人类相比较，也相差甚远。你看它们一个个笨头笨脑、五官不全、身体粗短，虽然有的具有语言功能，但声

现代智能机器人

音瓮声瓮气，毫无美感，哪像我们人类，具有优美匀称的体形，表情丰富的面孔，以及抑扬顿挫、十分动听的语言。不过，机器人科学家正在研制"仿人形智能机器人"，那种机器人将会接近生物人的形貌。

既然绝大多数机器人的形貌不像我们生物人，为什么又给它起了一个带"人"字的名称呢？让我们首先考查一下"机器人"一词的由来。1920年，有一位名字叫卡雷尔·卡佩克的作家，他发表了《罗萨姆的万能机器人》科幻剧本，卡佩克在剧本中把"Robta"写成了"Robot"（Robot是奴隶的意思）。该剧本的内容大概是：机器人开始无感觉和感情，只能是按照它的主人的命令以呆板的方式，默默地从事繁重的劳动。后来，罗萨姆公司发展了，所生产的机器人具有了感情，并且得到愈来愈多的应用，这时机器人发觉人类对自己的不公，是在奴役自己，于是奋起造反。由于这时机器人的体能和智慧已经超过了人类，就把人类消灭了。但是，机器人尚不知道自己是怎样制造出来的，因为不能繁衍后代，担心自己会很快灭绝，于是又开始寻找人类的幸存者，当然找不到。后来，有一对智商很高的一男一女机器人，它们相爱并且有了爱的结晶，这时，机器人已经进化为新的人类，于是世界又起死回生了。这个剧本所编造的故事，显然是十

音乐型机器人

分荒诞的。但是，当时却引起了人们的广泛关注，反应十分强烈。于是，"机

器人"这个名称，就被人们牢牢地记住了，这就是"机器人"一词的由来。其次，"机器人"这个名字之所以能让人们接受和承认，更为主要的原因是从幻想变成了现实——后来真的研制出了机器人，并且具有生物人的某些本领。常言道"人不可以貌相"，尽管机器人初生代的形貌不像生物人，但是，它们可以像生物人那样，做一些仿人的动作，能做一些和生物人一样的工作，甚至可以从事生物人难以做到的工作。例如工业机器人，它们具有多种本领，对任务不讲价钱，优质、高效、准确、可靠，不知疲倦地进行工作。请看，这里有一台焊接机器人，它有一条比生物人长得多的手臂，其"手"拿（实际上是夹持）焊具，时而高举手臂——这是退出工件的动作，时而将手臂移至焊件的位置，使焊具准确地对准需要焊接的地方，于是发出耀眼的光芒。只见它动作自如，神气活现，有条不紊，不知疲倦。

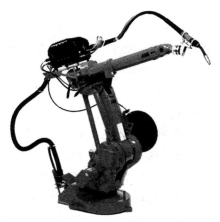

焊接机器人

在近十余年来，科学家相继研制出"类人机器人"，它们已经初步具有思维和语言功能，机器人将向着"类人"方向发展。

知识点

机器人能力评价标准

机器人能力的评价标准包括：智能，指感觉和感知，包括记忆、运算、比较、鉴别、判断、决策、学习和逻辑推理等；机能，指变通性、通用性或空间占有性等；物理能，指力、速度、可靠性、联用性、寿命等。因此，可以说机器人就是具有生物功能的实际空间运行工具。

机器人的概念

现在我们要回答什么是机器人的问题了。首先需要指出，由于机器人涉及生物人的一些概念，同时又由于机器人技术的不断发展，因此，各国对机器人的定义至今尚不统一，现在仅把一些国家具有权威性的说法摘录如下：

日本。1967 年森政弘与合田周平共同提出："机器人是一种具有移动性、个体性、智能性、通用性、半机械半人性、自动性、奴隶性等 7 个特征的柔性机器。"

另一位日本专家加藤一郎提出机器人具有 3 个条件：

（1）具有脑、手、脚三要素的个体。

（2）具有非接触传感器和接触传感器。

（3）具有平衡觉和固有觉的传感器。

显然，加藤一郎所下的定义，是指机器人具有类人性，是自主机器人，而非通用工业机器人。

美国。美国机器人协会提出并被联合国国际标准化组织采纳的定义为："一种可编程和多功能的，用来搬动材料、零件、工具的操作机，或者是为了执行不同任务而具有可改变和可编程动作的专门系统。"

法国。1988 年法国的埃斯皮奥对机器人下的定义为："机器人是指设计能根据传感器信息实现预先规划好的作业系统，并以此系统的使用方法作为研究对象。"

中国。中国科学家对机器人的定义为："机器人是一种自动化的机器，所不同的是这种机器具有一些与人或生物相似的智能能力。如感知能力、规划能力、动作能力和协同能力，是一种具有高度灵活性的自动化机器。"另外，还有更为简洁的定义："机器人是一种用计算机编制程序的自动化操作机器"或者"机器人是一种靠自身动力和控制能力来实现各种功能的机器"等。

工业机器人是诞生最早、发展最快、应用最为广泛的一种机器人，对于这种机器人，各国又有专门的定义。

1987 年国际标准化组织的定义为："工业机器人是一种具有自动控制的操

作和移动功能，能完成各种作业的可编程操作机。"

中国国家标准的定义为："工业机器人其操作机是自动控制的，可重复编程、多用途，并可对 3 个以上的轴进行编程，它可以是固定式或移动式，在工业自动化应用中使用。"

机器人之所以能够完成各类作业，是因为它有一个灵活的机械装置，即执行机构，叫做操作机（或叫操作器）。操作机的定义是："具有和人的手臂相似的动作功能，可以在空间抓放物体或进行其他操作的机械装置。""这个装置，通常由一系列互相铰接或相对滑动的机构件组成。它通常有几个自由度，用以抓取或移动物体（工具或工件）。" 所以对于工业机器人可以这样理解：它有类似人的手臂、手腕和手功能的电子机械装置；它可把某一物件或工具按照空间位置和姿态随时变化的要求进行移动，从而完成某一工业生产的作业。

虽然各国对机器人定义的文字表述不尽相同，但其中心思想是一致的：

第一，机器人是由生物人研制出的，为了满足人类需要的自动化机器，本身不具备生物人那种"生命信息"，其形貌不一定像生物人，特别是产业环境下所用的工业机器人。

第二，机器人具有生物人（或某些动物）一些相似的功能，包括智能、技能和体能，在某方面，机器人的能力可能超过人类。

既然机器人是为人所制、为人所用，而且又是智能化很高的机器，于是就有一个安全可靠的问题，换句话说，就是要保证机器人不伤害人类。为此，1950 年科幻作家阿西莫夫在他的著作《我的机器人》中，提出了"机器人三原则"：

（1）机器人不应伤害人类，而且不能忽视机器人伤害人类。

（2）机器人应遵守人类的命令，与第（1）项违背的命令除外。

（3）机器人应能保护自己，与第（1）项相抵触者除外。

"机器人三原则"一直是机器人科学家研究开发工作的准则。但是，随着机器人技术的发展，特别是仿人形智能机器人的出现和完善，机器人自身自控能力越来越强，有朝一日，机器人将可能不听从于人类的命令而失控，因此，科学家认为"机器人三原则"不够完善，于是又提出如下两条附加条件：

（1）机器人应装上自杀装置，当机器人危害人类时，应能自动停止。这

是一条人防措施。

（2）机器人应装上阻止自己破坏自己的装置，以防机器人擅自自杀。这是一条自保措施。

需要特别指出：机器人有着广泛的含义，它既包括仿生物人动作的自动化机器，如大量使用的工业机器人、服务型机器人等，也包括仿各种动物动作的机器玩偶，如机器狗、机器猫、机器鱼、机器蛇、机器昆虫等，还包括用于军事上的、能代替人执行军事任务的现代化装置，它们称为军用机器人，有陆用、水用、空用等，各式各样，种类繁多。具体内容，将在以后的章节中予以详述。

总之，机器人作为人类创造的新异族，已经出现并且不断发展壮大，在不远的将来，它将走入千家万户，我们应该抱着欢快的心态，迎接它、了解它、熟悉它、应用它，让它真正成为人类的好伙伴。

走进机器人的世界

18世纪的产业革命，加速了机械化的进程，有效地延伸了人类的双手；20世纪五六十年代以来，在微电子学、信息论及计算机技术的基础上发展起来的"智能化"，大大地延伸了人类的大脑。而目前得到世界各国普遍重视的"机电一体化"，则综合地延伸了人类的双手和大脑。所谓"机电一体化"，其实质就是以机械为手足而以电子为大脑，通过传感器来实现信息感知。像数控机床、智能化仪表、计算机终端、电传打字机、录音机以及各类机器人等等，都是属于机电一体化的产品。

现代机器人不同于传统的自动化机器。它们的本质差别在于：机器人可以从事多种多样的劳动，有的机器人还会"思维"，具有某种"智力"，而传统的自动化机器一般只能进行单项的操作。

据专家们估计，机器人产业将成为21世纪少数几种能主宰经济的高技术产业之一，就像汽车、化工、钢铁等工业主宰了20世纪六七十年代的经济一样。

工业机器人

工业机器人大都在汽车制造、电子工业、机械工业、塑料工业等行业中从事金属铸造、锻造、焊接、油漆、装配、包装、塑料成型以及搬运等体力劳动。日本的先进工业机器人，每台可完成 2 ~ 4 名产业工人的工作；德国的第二代工业机器人，每台可完成 2 ~ 7 名产业工人的工作。

工业用机器人

由于机器人数量的增多，国外已出现"无人工厂"和"无人车间"。像日本的富士通工厂，全厂的 100 名员工基本上都是上白班，从下午 5 时到次日清晨 5 时全由机器人当班。其生产工序全盘自动化，机器人当班时只用一两名人员照料现场。在日本，除大型企业广泛使用机器人外，在中小型企业中对机器人的使用也越来越多。美国、俄罗斯及西欧各国都在发展工业机器人方面倾注了很大的力量，据国际劳工局估计，到 21 世纪初，全世界的工业机器人总数将达 1000 万台以上。

服务机器人

现代机器人不仅能从事"体力劳动"，而且已涉足家庭、办公室、医院等部门，广泛从事"服务性工作"。

美国的服务型机器人能照顾残疾人和老弱病人、能为盲人引路、能拔鸡毛，还能爬树、砍树、剪修整枝、采摘水果、打扫卫生、保卫建筑物、治安警戒……

在日本，富士公司制造的"秘书机器人"能在文件上签字、盖印，专为公司经理服务；日本电器公司制造的同类机器人能编制工作日程表，并能代总经理写信。此外还有"护士机器人"、"广告机器人"、"医疗诊断机器人"等等。

法国巴黎地铁车站全部由机器人来清扫，它们能自动完成刷洗、吸尘、

服务型机器人

洒消毒水等各项工作。这种机器人有"眼睛",当遇到障碍时便减速并鸣笛。若是在鸣笛之后障碍物仍不躲开,那么机器人便从障碍物的旁边绕过去。

中国在 70 年代末 80 年代初由中国科学院自动化研究所和北京中医研究所共同开发的计算机诊疗系统,实质上就是"机器人医生"。它把著名中医关幼波的丰富医疗理论和宝贵临床经验结合起来,集中储存在系统软件中。使用时,通过输出系统将诊断、处方、医嘱、假条等直接用汉字打印出来。为了跟踪世界的高新技术,近几年来中国加快了发展机器人技术的步伐。中国的第一个机器人示范工程,早在 1986 年 7 月 9 日就在沈阳举行奠基仪式,并已于 1988 年底按计划建成。目前中国的机器人技术已从实验阶段进入实用阶段。

军用机器人

服务型机器人进入军事领域,便成为"军用机器人"。早在 1985 年,美国海军部队就已使用机器人在海底完成清洗、打捞沉船等工作。这种军用机器人装有先进的信号传感系统,能够根据输入的程序来完成水下侦察、排雷及其他各种危险任务。

美国制造的一种"步行机器士兵",其体重为 168 千克,有 6 条腿,"身长"可以伸缩,最长

军用机器人坦克

时可达 1.98 米,最短时只有 0.91 米,它能搬运 816 千克的重物。另外一种

"机器人观察员"，能够根据敌方的反应来编制电脑程序，其造型如同一辆小型战车，可以充当"流动哨兵"。它由微电脑、人工智能软件和远程监视传感器等主要部件构成，平时可以担任基地和机场的外围警戒任务，能够识别入侵人员；战时可根据主人通过遥控监视台发出的指令来使用武器。这种机器人身上装有轻型机关枪和手榴弹、催泪弹等武器的发射装置。

目前一些军事强国正在研制具有以下功能的多用途军用机器人：能够在前线抢修军车，运送粮草、弹药和燃料等战斗物资；承担架桥、筑路、布设地雷和施放烟雾等危险任务；充当"步兵侦察班"，承担收集敌方军事情报的任务等等。

1991年的海湾战争结束后，以美国为首的多国部队曾使用军用机器人来清理战场。这种军用机器人实际上是一种带有多重履带的遥控军用车辆，它能适应各种地形，可以爬45°的斜坡，能进入很狭窄的走廊内进行作业，消除地雷和未爆炸的炸弹……

智能机器人

智能机器人是采用先进电脑技术的机器人。它具备人的某些智慧，能够承担本来需要凭人的聪明才智去完成的某些复杂任务。这类机器人具有某种"思维"能力，能"听"，能"看"，能够准确判断周围的环境并自行作出某种"决策"，其中有的还具有记忆和推理的能力。

智能型机器人

美国佐治亚理工学院的罗纳德·阿金教授研制出一台"具有生存本领的机器人"，起名叫"乔治"。它是个矮胖子，只有1米高，但体重达180千克，生性"怕热"，当传感器显示出过热而冒汗时，它能自动地选择通风而阴凉的地方。比方说，一般的机器人多沿直线行走，除非碰到障碍物才会绕道而行。而"乔治"在过热的环境中，即便没

有遇到障碍，也会自动地寻找有阴凉的道路走向目的地。

在国外，现在还有会画像、能弹奏钢琴的智能机器人，这类机器人都是由识别装置、控制装置及机械本体三个基本部分组成的。识别装置能识别人的相貌。它所带的摄像机在摄下人的原像之后，由电脑分成两路进行处理：一路分析出人面部的大致轮廓，再掌握面部的详细特征，然后把这些特征变成近似的圆弧和直线，并确定描画面部所用的线条粗细及先后顺序；另一路专门分析人的眼睛，若是眼睛画得"神似"，那么画像就是成功的。通过这两路的处理过程，就把结果合成了一个画面的数据信息，也就相当于画家已经有了给人画像的"腹稿"。这种机器人的控制装置，用电脑把画像的数据信息变成控制驱动电机的控制信号，驱动电机使机器人的胳膊、手腕和画笔运动，以完成画像任务。

智能机器人能下棋，这已经屡见不鲜。1988 年 9 月，在一次国际象棋表演赛中，由美国卡内基·梅隆大学制造的一台名叫"高技术"的智能机器人，一举击败了美国前象棋冠军。同年 11 月，另一台名叫"深思"的智能机器人，更是技高一筹，一举击败了著名的国际象棋大师拉尔森。

1990 年在英国的格拉斯哥举行了第一次国际机器人奥林匹克运动会，当时有 11 个国家派机器人"选手"参加。日本筑波大学研制的"山彦 9 号"机器人，由于能越过障碍而无需停顿，结果荣获金牌。

1993 年 9 月 23 日至 25 日再次在格拉斯哥举行国际机器人奥林匹克运动会。如果把上一次叫做"首届"，那么这一次应算作"第二届"；不过也有人把上次叫做"试办"，把这次叫做"首届"。

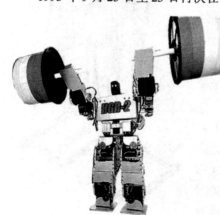

机器人奥运会

这届机器人奥林匹克运动会已有 25 个国家的 500 多台机器人报名参加，其运动项目包括乒乓球、摔跤和田径等。据介绍，在技术许可的条件下，所有竞赛和裁判规则、国歌、奖牌甚至火炬都将和人类奥林匹克运动会一样。最大的不同之处在于：机器人"选手"没有专业和业余之分，无论是中学生制造的机器人，还是来自跨国大公司最先进的智能机器人，它们都将站在同一条起跑线上。

在这届运动会期间，澳大利亚的剪羊毛机器人作现场表演，欧洲的唱歌机器人演出歌剧，还将有能弹奏钢琴的机器人演奏钢琴……据说这样的运动会今后将每两年举办一次，轮流在英国的格拉斯哥和其他国家举行。到目前，类似的比赛已进行了多次。

销售最快的宠物机器人

销售最快的宠物机器人"Aibo"是索尼公司销售的机器狗，零售价约2 066美元。1999年5月31日，"Aibo"第一次在索尼公司的网站上露面的时候，在20分钟就售出了3 000台。27.9厘米高的"同伴"通过内置传感器来辨认环境。它可以独自或通过装上程序来表演各种绝技。1999年6月1日，另外2 000台"同伴"在因特网上出售时，购买该宠物的抢购行为使因特网的服务器无法工作了。

机器人有危险吗

不论是工业机器人还是特种机器人（尤其是服务机器人）都存在一个与人相处的问题，最重要的是不能伤害人。然而由于某些机器人系统的不完善，在机器人使用的前期，引发了一系列意想不到的事故。

1978年9月6日，日本广岛一家工厂的切割机器人在切

主从式机器人与人协同动作

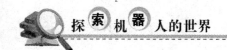

钢板时，突然发生异常，将一名值班工人当做钢板操作，这是世界上第一宗机器人杀人事件。

1982年5月，日本山梨县阀门加工厂的一个工人，正在调整停工状态的螺纹加工机器人时，机器人突然启动，抱住工人旋转起来，造成了悲剧。

1985年苏联发生了一起家喻户晓的智能机器人棋手杀人事件。全苏国际象棋冠军古德柯夫同机器人棋手下棋连胜3局，机器人棋手恼羞成怒，突然向金属棋盘释放强大的电流，在众目睽睽之下将这位国际大师击倒。

这些触目惊心的事实，给人们使用机器人带来了心理障碍，于是有人展开了"机器人是福是祸"的讨论。

面对机器人带来的威胁，日本邮政和电信部门组织了一个研究小组，对此进行研究。专家认为，机器人发生事故的原因不外乎3种：（1）硬件系统故障；（2）软件系统故障；（3）电磁波的干扰。

人与机器人一起做实验

这种意外伤人事件是偶然也是必然的，因为任何一个新生事物的出现总有其不完善的一面。随着机器人技术的不断发展与进步，这种意外伤人事件越来越少，近几年没有听说过类似事件的发生。正是由于机器人安全、可靠地完成了人类交给的各项任务，使人们使用机器人的热情越来越高。

美国正在研究一种航天器内使用的机器人，计划在两年之后由宇航员带入太空，做一些宇航员无法做到的事情，成为宇航员最得力的助理。这种机器人只有垒球那么大，可以对航天器中的生命保障系统进行自动监视、摄像和排除障碍等，同时还可以代替已损坏的传感器完成监视任务。可以说，有了它，今后的航天器在太空中飞行将更加安全。

最先进的机械手臂

1997 年，美国的巴雷特技术公司开发出最先进的机械手臂，价格为 25 万美元。它有类似于腱的作用的导线，能在任何位置抓取 5 千克重的物体。这只手共有 7 个无齿轮关节，由于受发动机驱动。它可以抛球，也可以做清扫工作，可帮助人进出浴室、开门和准备一日三餐。

人类的助手和朋友

在科幻小说和电影电视中，我们对机器人作战的场面已不陌生。机器人不外乎分为两种：一种是人类的朋友，协助正义战胜邪恶；另一种则是人类的敌人，给世界带来灾祸。

英国雷丁大学教授凯文·渥维克是控制论领域知名专家，他在《机器的征途》一书中描写了机器人对未来社会的影响。他认为50 年内机器人将拥有高于人类的智能。机器人在某些方面确实比人类强，比如：速度比人快，力量比人大等，但机器人的综合智能较人类还相去甚远，还没有对人类形成任何威胁。但这是否说明人类永远能控制或战胜自己的创造物呢？现在还不得而知。这些预见从另一个角度给人们敲响了警钟，不要给自己创造敌人。克隆技术的出现，在社会上引起了很大的争议，大多数国家禁止克隆人。对于机器人还没有到这种地步，因为现在的机器人不仅未对我们构成威胁，而且给社会带来了巨大的效益。对于一些对人类有害，如带攻击武器的军用机器人应有所选择并限

机器人与人共舞

制其发展，我们不应将生杀大权交给机器人。

　　随着工业化的实现，信息化的到来，我们开始进入知识经济的新时代。创新是这个时代的原动力。文化的创新、观念的创新、科技的创新、体制的创新改变着我们的今天，并将改造我们的明天。新旧文化、新旧思想的撞击、竞争，不同学科、不同技术的交叉、渗透，必将迸发出新的精神火花，产生新的发现、发明和物质力量。机器人技术就是在这样的规律和环境中诞生和发展的。科技创新带给社会与人类的利益远远超过它的危险。机器人的发展史已经证明了这一点。机器人的应用领域不断扩大，从工业走向农业、服务业；从产业走进医院、家庭；从陆地潜入水下、飞往空间……机器人展示出它们的能力与魅力，同时也表示了它们与人的友好与合作。

　　"工欲善其事，必先利其器。"人类在认识自然、改造自然、推动社会进步的过程中，不断地创造出各种各样为人类服务的工具，其中许多具有划时代的意义。作为 20 世纪自动化领域的重大成就，机器人已经和人类社会的生产、生活密不可分。世间万物，人力是第一资源，这是任何其他物质不能替代的。尽管人类社会本身还存在着不文明、不平等的现象，甚至还存在着战争，但是，社会的进步是历史的必然。所以，我们完全有理由相信，像其他许多科学技术的发明发现一样，机器人也应该成为人类的好助手、好朋友。中国的未来在科学。21 世纪，科学技术的灯塔指引着更加美好的明天。

最接近人类的智能机器人

　　2003 年，日本本田公司制造出高 1.6 米的 Aismo 机器人。该机器人有三维视觉，头部能自如转动，双脚能躲开障碍物，能改变方向，在被推撞后可以自我平衡。该机器人由 150 位工程师历时 11 年，耗资 8 000 万美元研制而成，可以照料和代人完成危险及艰苦工作。

机器人发展记
JIQIREN FAZHAN JI

　　早在三千多年前的西周时代，我国就出现了能歌善舞的木偶，称为"倡者"，这可能是世界上最早的"机器人"。在近代，随着第一次、第二次工业革命，各种机械装置的发明与应用，世界各地出现了许多"机器人"玩具和工艺品。这些装置大多由时钟机构驱动，用凸轮和杠杆传递运动。世界上第一台真正实用的工业机器人诞生于20世纪60年代初期。它的模样像一个坦克的炮塔，基座上有一个机械臂，它可以绕着轴在基座上旋转，臂上有一个小一些的机械臂，可以"张开"和"握拳"。70年代，随着计算机技术、现代控制技术、传感技术、人工智能技术的发展，机器人得到了迅速发展。

　　进入80年代，随着传感技术，包括视觉传感器、非视觉传感器（力觉、触觉、接近觉等）以及信息处理技术的发展，出现第二代机器人——有感觉的机器人。它能够获得作业环境和作业对象的部分有关信息，进行一定的实时处理，引导机器人进行作业。第二代机器人已进入了实用化阶段，在工业生产中得到广泛应用。

　　第三代机器人是目前正在研究的"智能机器人"。它不仅具有比第二代机器人更加完善的环境感知能力，而且还具有逻辑思维、判断和决策能力，可根据作业要求与环境信息自主地进行工作。

古代也有机器人

古代的机器伶人

西周时期（公元前 1066—前 771 年），当时中国有一名叫偃师的能工巧匠，研制出了我国有记载的第一个机器人，它是一个能歌善舞的伶人。

春秋时代（公元前 770—前467 年）后期，被称为木匠祖师爷的鲁班，利用竹子和木料制造出一个木鸟，它能在空中飞行，"三日不下"，这件事在古书《墨经》中有记载，这可称得上世界第一个空中机器人。

东汉时期（25—220 年），我国大科学家张衡，不仅发明了震惊世界的"候风地动仪"，还发明了测量路程用的"计里鼓车"，车上装有木人、鼓和钟，每走 1 里，

传说鲁班所造的木鸢

击鼓 1 次，每走 10 里击钟 1 次，奇妙无比。

三国时期的蜀汉（221—263 年），丞相诸葛亮既是一位军事家，又是一位发明家。他成功地创造出"木牛流马"，可以运送军用物资，可称为最早的陆地军用机器人。

在国外，也有一些国家较早进行机器人的研制。公元前 2 世纪，古希腊人发明一个机器人，它是用水、空气和蒸汽压力作为动力，能够做动作，会

自己开门，可以借助蒸汽唱歌。1662 年，日本人竹田近江，利用钟表技术发明了能进行表演的自动机器玩偶；到了 18 世纪，日本人若井源大卫门和源信，对该玩偶进行了改进，制造出了端茶玩偶，该玩偶双手端着茶盘，当将茶杯放到茶盘上后，它就会走向客人将茶送上，客人取茶杯时，它会自动停止走动，待客人喝完

诸葛武侯所创的木牛流马

茶将茶杯放回茶盘之后，它就会转回原来的地方，煞是可爱。

机器鸭子

法国天才技师杰克·戴·瓦克逊，于 1738 年发明了一只机器鸭，它会游泳、喝水、吃东西和排泄，还会嘎嘎叫。

在 18 世纪所制造的自动玩偶中，最为杰出的当数瑞士的钟表匠杰克·道罗斯和他的儿子利·路易·道罗斯所制造的。1773 年，他们相继制造出自动书写玩偶、自动弹奏玩偶等。这些玩偶有的拿着画笔和颜料绘画，有的拿着鹅毛笔蘸墨水写字。它们是利用齿轮和发条传动的原理制造而成的，这些玩偶身高约 1 米，结构巧妙，服饰华丽，当时在欧洲十分受欢迎。现在在瑞士努萨蒂尔历史博物馆保留着一个少女玩偶，制作于约 200 年前，是保留下来

的最早的机器人，它的 10 个手指可以按动风琴的琴键，定时奏出动听的音乐。

在北京故宫博物院"珍宝馆"内，陈列着许多当年由外国向清朝皇帝进贡的精美绝伦、价值连城的珍品，其中有一些当属机器人之列。例如，有一

个绅士打扮的玩偶，身高不足 1 米，一手拿着拐杖，另一手夹着香烟，脑袋和眼睛不时地转动，悠闲自在地把香烟放在嘴边，然后吐出缕缕烟圈，神气活现，十分有趣。还有一些玩偶，会唱歌、跳舞，有的还会弹奏乐器。这些玩偶多是利用钟表的原理制成的。

上述各国在不同历史时期所制造的机器人，用现代人的眼光看，其结构和功能都比较简单，又不太实用，但它们是现代机器人的雏形，代表着人类的追求，体现了古代人的智慧和才能。

会吹笛子的机器人

机器人的成长

人类走进 20 世纪后，随着整个科学技术的迅速发展，有更多的科学家投入到机器人的研究和开发工作中，从而使之进入了现代机器人时代。

美国是现代机器人的发源地。1927 年，美国西屋电气公司工程师温兹利制造了第一个电动机器人——电报箱，它装有无线电发报机，可以回答一些问题，但不会走动，在纽约举办的世界博览会上展出，颇受关注。1934 年该公司又推出能说话的机器人"威利"，但仍不会走动。1951 年，美国麻省理工学院成功研制出第一台数控铣床，从而首先实现了机械与电子的结合，是机器人机电一体化技术的先驱。1954 年，美国人戴沃尔最先提出了工业机器人——示教再现机器人的概念，并申请了专利。该专利的关键技术是借助伺服技术控制机器人的关节，利用人手对机器人进行示教，于是机器人就能实现动作的记录和再现。这一技术思想至今仍被采用。

1959 年，美国人英格伯格和德沃尔合作——前者负责机械部分（机器人的手和脚）设计，后者负责电子控制部分设计，研制出第一台工业机器人样机。1961 年，美国 Unimation 公司制造出用于模铸生产的工业机器人"尤尼梅特"（意思为万能自动），从而开创了现代机器人发展的新纪元。至 1970 年，美国用在自动生产线上的工业机器人超过 200 余台。

当今世界处于信息时代，一种新技术或新产品一旦问世，就会很快引起全世界科学家的关注。1967年日本丰田和川崎公司分别引进美国的机器人技术，投入众多人力和巨额资金，进行技术的消化、仿制、改进和创新，到1980年就取得了极大的成功和普及，日本把1980年称为"日本的机器人元年"。现在，日本生产和应用的机器人，在种类、数量以及技术水平方面，堪称世界之最，已处于世界领先地位。

欧洲一些发达国家，包括英、法、意等，也都大力发展机器人技术，并且都取得了极大的进展。

我国机器人研究工作，起步于20世纪70年代，在国家大力关注和支持下，经过近30年的拼搏，紧跟世界机器人技术的发展，取得了一批举世瞩目的成果，如工业用机器人——焊接、喷漆、装配、切割、搬运、包装码垛等工业机器人，都已先后研制成功，并用于实际生产。其他一些特种机器人，如服务机器人、娱乐机器人、医用机器人等智能机器人也都相继研制成功，有的已经投入使用。

在2002年5月第五届中国北京国际产业博览会上，我国展出了30多种机器人，深受观众的欢迎，显示了我国在机器人技术领域的新水平。

人类的发展划分为4个时代。同样，现代机器人的发展，按其不同时期所具有的水平，也可分为几个阶段——所谓若干"代"。由于机器人技术发展迅速多变，对于机器人分代问题，至今各国学者意见尚不统一，但多数认为可分为3代。

第一代：可编程序的示教再现机器人，简称"再现机器人"。这种机器人采取在工作现场进行实时编程控制，一旦重新编程后，机器人就会按照该程序依次重复（再现）动作。所谓"示教再现"，就是事前靠工人去"教导"、"指示"机器人如何去做。有两种方式：一种是靠操作者"手把手"或模拟方式，称为"人工导引示教"；另一种是数控编程示教——示教盒示教，就是操作者在现场手持示教盒（控制器），输入数值和语言信息来指示机器人的动作。

第二代：具有一定感觉功能和一定自适应能力的离线编程机器人，又称为简单智能组合式机器人。这类机器人依靠视觉、听觉、力觉和触觉等传感器，可以感受外界环境，通过控制系统使其做出相应的动作。计算机运行程

序，是按照预定作业任务非现场编制，所以叫做"离线编程示教"。当机器人作业时，若与编程的路径有误差，这时传感器探知的信息立即反馈给控制系统，然后就可以自行修正，这就是说，这类机器人具有一定的自适应能力。

第三代：智能机器人，这类机器人是当今最新、最热门的研究课题，其中"仿人形智能机器人"（也称类人型）为最顶端的追求。这类机器人装有仿人的感知器官，是由多种性能先进且能互相"融合"的传感器构成，具有很强的自适应能力；具有逻辑思维能力，能进行推理、判断、自学、自理、自决功能；具有识别对

中国仿生机器人

象、感知环境、随机应变等能力；可以进行复杂的劳动和代替人类部分脑力劳动。智能机器人的研究水平的高低，在一定程度上是一个国家高科技实力和发展水平的重要标志。

最大的自动机械

世界上最大的自动机械望远镜位于加那利群岛的拉帕尔马，它是英国伦敦格林尼治皇家天文台和利物浦约翰穆尔大学的天体物理系两家单位合作开发的项目。从该大学天文系的办公室就能遥控此架孔径长 2 米的望远镜，研究者可用它来观察黑洞和遥远的银河系。

机器人的进化

　　一场特殊的"队列操练"正在忙中有序地进行着。6个完全相同的机械单元正在完成一个个组合分解动作。它们就像拥有自己的头脑一样，配合得十分默契，一边传递指令，一边思考如何以最佳方案去完成事先输入的队形指令。这是具有自我修复功能的组合机器人。6个单元最初排成一条直线，接通电源以后，它们马上聚散离合地在写字台上活动起来。每个单元底部的3只万向轮使它们动作非常自如。看上去它们就像一个刚会爬的婴儿，东摇西晃、不紧不慢，但确实朝某一预定目标移动。两三分钟后，它们以正三角形完成了队列操练。腾挪补位如此准确是因为它们在执行同一指令："请排成正三角形。"这就相当于生物学中的遗传基因，每个单元上都载有同样的基因。

机器人队列操练

　　人类的肌体受伤后用不了多久就会自行愈合，而壁虎的这种能力比人类更胜一筹，它们的尾巴断掉以后竟会自行再生到原来的长度。科幻影片《终结者》中的一个镜头给很多人留下了深刻印象：机器人腹部被枪打穿了一个洞，但它那如流动金属一般的肌体很快就把洞填满，自己长好了。科幻场景中的这种自我修复功能正走下银幕，开始进入现实生活。

　　组合机器人在队列操练中的腾挪补位就是自我修复的演示。前面6个机械单元有各自的"头脑"（微机）和6只"手"（磁铁）。凸头是电磁铁，叉形的是一对上下分开的永久磁铁。对凸头电磁铁部分的电流作方向切换就造成上下

做健美操的机器人

极性的相应变换，在与极性不变的永久磁铁邻接时，两个单元时而被吸引，时而被排斥。利用这一变换过程就可以模拟出自我修复的效果。

各机械单元是按"单线联系"建立沟通渠道的，专业上称此为"邻域通信"。我们人类的大脑在发出"伸胳膊"这一指令时，神经细胞必经突触转递而且只转给相邻细胞。

当然，各单元均配备微机作为"大脑"来进行信息传递。这部"大脑"中还事先收存有组合机器人最终要排成什么队形的设计图，如前述那样它要起到遗传基因的作用，每个单元携带着同样的遗传基因，它们被编入了同样的程序，不管在哪里发生什么故障都可以随意替换。这些具均质体性质的单元与生物细胞很相似，细胞只要处在同一机体上就携带同样的遗传基因，并遵照"密码"完成机体上某种器官组织的生长发育。因为所有单元都是均质体，也就是说相互间不存在领导与被领导的关系，而且只能进行"邻域通信"，达到目标状态之前若出现执行上的错误，纠正起来颇费时间，影响效率。若具备了自我修复功能，这一过程就很容易完成。可是若设置一个"头目"，速度固然会提高，一旦这"头目"损坏，就将导致整体瘫痪。

自我修复

目标形状已经输入后，就要决定如何向这一目标行动，我们称其为行动策略。在目标已完成的状态下，相邻单元的结合模式和当初自身所处模式的差异越大的单元，活动频度也就越高，差异为零则活动停止，这已形成了一条法则。

一个单元对所处现状不满足的程度越高，它的活动趋势越强，甚至左右碰壁、无序而不稳定地反复动作，但是，目标要求的结合模式正是完成于这一过程之中，最终达到满意时全部动作才告结束。

组合机器人遵照这一法则，从最初的直线状态经完全无助地反复动作，排成了目标要求的正三角形，整个过程与其说是自我修复不如说是自我组装更确切。

在计算机上模拟可以不受数量限制，可以形成庞大的复杂形状，组装级别也相应提高。然而，目前，这种自我修复的模拟还仅限于在两维平面上进行，三维的立体空间的活动机械单元正在开发当中。若三维空间单元的微型硬件能够开发成功，自我修复机器人就会比前面的队形操练更富有现实意义，实现各种应用。例如，人造卫星局部故障的处理，以往只能派人乘航天飞机到空间去实地操作。如果制造卫星的部件全部改用可自我修复的单元，开发一种"自我修复卫星"，就没有必要派人专程前往了。不仅卫星，其他很难靠人维护的核电站、海底地下乃至人体内部的故障排除等，都是自我修复技术的用武之地。

机器人涉足进化论

事先输入的目标指令、动作程序等如遗传基因一样赋予了组合机器人自我修复的功能。不久的将来，机器人还可以有更惊人的表演——与生物有同样的基因重组功能，在自我修复的基础上，进一步自我进化，靠自身力量不断提高智能水平。

1996年，日本一家公司开发出一种蜈蚣机器人，智能水平远远超出人们预料。它的出色表演让人清楚地看到生物进化在机器人身上的成功再现。这种蜈蚣形6腿机器人在行进中遇到障碍时会停下来"沉思"片刻，然后有所顿悟似地突然启动，绕过障碍继续行进。当它停下来陷入"沉思"时，实际上就处在完成"进化"的过程。决定蜈蚣机器人运动模式的是作为遗传基因输入它的微机头脑中的50种控制程序。在试运行时，机器人身上的传感器会如实记录每种程序撞墙等故障的次数，以此为评分依据，从中选出4种最佳程序，再进行优化组合，培养"撞墙转向"能力。下次遇到爬坡一类新的障碍时，它又会重新挑选，组合新的程序，直至行动自如。

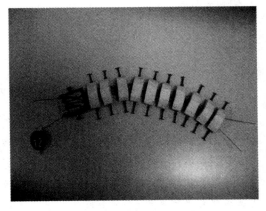

蜈蚣形机器人

达尔文在著名的《进化论》中指出，自然淘汰、适者生存导致物种的进化。蜈蚣机器人的研制正是基于这一前提。同前面的组合机器人一

样，预先输入的 50 个控制程序好比它体内的遗传基因，那么后面为了不断适应新环境而进行的基因重组就相当于生物的交配，新程序的产生就好比"基因突变"。要适应不断变化的环境，就必须不断重复"基因重组"、"基因突变"的过程。同时，自身也得以不断"进化"，运动能力不断提高。从这个意义上讲，科学家借助生物进化原理赋予了机器人以生命和智慧。

所谓"基因突变"的过程在另一种机器人——"走迷宫老鼠"身上还有另一种体现。"碰壁"和"撞墙"是行进中的机器人常见障碍之一，如果这类障碍比比皆是，机器人就身陷迷宫这种特殊环境之中了。实际上，即使我们高等智慧的人面对迷宫有时也会一筹莫展。科学家们以人的大脑为模型，制成一种称为神经网络的学习软件，用来装备"走迷宫老鼠"。起初，"老鼠"总是碰壁，走投无路。经过持续学习，到了一定阶段就会茅塞顿开，聪明地绕开墙壁寻找出路。原来，这种学习软件中插入了它以前没有做过的动作，在不断学习的过程中，按照一定的概率，软件自身会发生突变，更新程序，让"老鼠"做出令人耳目一新的动作。

从"自我修复"到"自我进化"，机器人在发展进程中越来越多地引入了生物学原理，将来或许会由此产生一门新的学科——生物机械电子学，而机器人的最终目标——人形机器人届时也将步入社会生活。但是在机械上模拟生物进化涉及的各种物质及相关因素十分复杂，按目前的科学水平完全模拟为时尚早。但就生物学因此面对的冲击而言，其深远意义仍不可低估。

········▶ 知识点

最复杂的医用机器人

美国华盛顿州西雅图的罗伯特·拉扎拉博士使用计算机移动公司的"宙斯"机器在一个模拟胸腔内进行冠状动脉旁路手术的试验。"宙斯"是 1998 年 2 月制成的，它使外科医生能利用插入患者体内的精密仪器，通过切三个像铅笔那么粗的切口，对心脏旁路做手术。计算机移动公司现在生产一种新型的机器人，外科医生能通过高速电话指挥这种机器人给患者做手术。

机器人学说话

　　语言是人类与其他动物又一重大区别之一。据统计，世界各国、各地区的语言多达数千种，为了能使不同语言的人之间的交流，就必须学习对方的语言，或者通过译员。

　　目前，有些国家研制的具有语言功能的机器人，拥有初步的语音识别和问、答能力，但是比较"幼稚"，语言词汇少，语音单调、识别能力差，连续语音的合成，尚处于实验研究阶段，对于能从事多种语种之间翻译工作的机器人，才刚刚开始研究。

　　未来机器人的语言功能，应该达到如下目标：

　　（1）具有很强的语言识别、语言查询、语言上网、网上聊天能力，攻克连续语言、大量词汇和非特定语言识别等难点，以使机器人在非特定环境下快速准确、悦耳动听地与人类进行语言交流。

　　（2）实现机器人充当译员，这种机器人译员，要具有多种语种、小体积，重量轻，携带方便等优点。

　　专家预计，今后 10～15 年将可实现上述目标。

　　刚刚过去的 20 世纪，在人类的科学技术发展史上，的确可以称为前所未有的、最伟大的世纪。21 世纪已经来临，我们有充分的理由相信，在上个世纪伟大成就的基础上，21 世纪将是科技发展更加辉煌的世纪，人类社会的物质文明和精神文明，将会更加

双足行走机器人

丰富多彩，其中，人类的"新异族"、好伙伴——机器人，将扮演极其重要的角色。

最便宜的机器人

1996年，在美国新墨西哥州的洛斯·阿拉莫斯国家实验室，用索尼随身听的余件制成了高为12.7厘米的"步行者"机器人，售价为1.75美元，这是世界上最便宜的机器人。在试验过程中，曾出现了该机器人试图挣脱被束缚的双腿的情况，但当时并没有安装这一程序，而且这种情况再也没有发生过。

走向辉煌的未来

从1961年世界上第一台实用型机器人"尤尼梅特"在美国诞生以来，已有40余年，好比一个人已到了不惑之年，是一个人的最好年华。而机器人研究也取得了日新月异的进展，新型号纷纷问世，生产产业化，产量激增；目前，市场需求旺盛，许多国家都在加大投入，加快研究和开发，前景光明，深受人们的重视和欢迎。究其原因，前文已述，概括起来主要有以下3条：

（1）机器人的用途越来越广，它可以在许多领域代替人力工作。

（2）机器人的性能越来越好，并且逐步走向智能化。

（3）机器人价格越来越便宜，如果1990年机器人价格指数为100，至1999年则降低到42，同时，利用机器人代替人力，还可降低开支。

由此可以断言，机器人的发展将会继续下去，可能比人们想象的还要快。但是，未来的机器人发展前景究竟如何，请听一听机器人专家们的预测意见和分析。

日本索尼公司数字生物研究室主任土井利忠说：如果用最重要的科学技术成果作为科技发展的里程碑，那么20世纪80年代可以说是个人计算机时代、90年代是因特网的时代，从2000年起的10年，是新型的机器人的时代。机器人将成为21世纪的新宠。

联合国欧洲经济委员会和国际机器人联合会于2001年发表的一份报告中指出：今后10年至15年，家庭用机器人将可能像今天的电脑和移动电话一样普及。这些机器人可以帮助人类料理家务、打扫卫生、剪修草坪、照顾病残人，可以成为医生做手术的有力助手。

德国生产技术与自动化研究所（IPA）所长施拉夫特博士对未来机器人发表了如下看法：机器人技术的成长将会继续下去，可能会比过去发展得更快。我们将会在我们想要机器人的地方看到机器人，不仅在工业领域，而且还将会在我们日常生活中。我们将要学习与机器人生活在一起，把它看做是我们生活的一部分。在我们已知的所有应用领域中，都将会有机器人，我们将从它们的所作所为中得到好处。我们相信，在我们家里和日常生活中使用个人机器人，用不着再等40年了。

对于军用机器人的发展，美国机器人有限公司董事长罗伯特·芬克尔斯坦说：军用机器人的应用，有可能改变战争的性质。例如在地面作战中，有可能出现"机器人部队"，它们的形体比较小、隐蔽性好，有利于在战场上实施监视、侦察、搜集情报；可以代替士兵驾驶坦克、操纵火炮、携带爆炸物攻击目标。这种机器人战士，将会很快走上战场，执行各种军事任务。

仿人形机器人是当前智能机器人研究领域中最前沿的研究课题之一。有的人工智能专家对未来机器人发展的预言，更加直截了当、言简意赅：21世纪将是机器人的世纪。在21世纪中，智能机器人将垄断所有的职业，从而为人类开创了第一个"不劳而获"的全自动社会。在那种社会里，智能机器人具有三种身份——智能机器、智能机器人公民和智能机器人企业家。到那时，它将是万能的，你应当把它看成人类的伙伴，与之和谐相处，而不要把它看做是你的奴仆。

但是，对机器人的发展问题，也有另一种声音。有些机器人学者，尤其是一些计算机科学家提出：随着机器人技术的迅速发展，人类制造的这些"新新人类"，会不会威胁人类自身的安全？这种超级机器人的出现，最终将会导致在地球上出现"机器人物种"，会不会对包括人类在内的地球生物形成

可怕的威胁？事实上，这种持怀疑和反对态度的科学家是少数，多数科学家持肯定和赞成的态度。

历史经验表明，许多重大的发明创造，对人类都具有利和弊的两面性：首先是有利的方面，否则，人们不会花力气去研究和创造它；而在发展过程中，也往往暴露出对人类有害的问题。例如飞机的发明，给人类带来多么大的好处：它使两地距离缩短了，也使地球相对地变小了。但是，飞机噪声扰民、飞行事故时有发生，这是它的不利方面。即便如此，航空事业仍然在加速发展，只要利大于弊。同时，人类既然能创造它，就可以不断改造它、完善它，或采取其他有力措施，以达到兴利除弊，甚至化弊为利。诺贝尔有一句名言："人类从新发现中得到的好处总要比坏处多。"

至于有人提出，采用机器人会造成更多的工人下岗、失业，对此问题做如下说明：历史经验证明，当某种新技术装备应用于生产领域，的确会造成在同样生产规模下生产人员过多，需要裁员，但同时可以看到，一个新的产业诞生和扩大，需要一大批工人就业，这叫做社会性的职业转移。最明显的事例是农业机械化造成原来作为农民的劳动力过剩，但他们逐步转移到城市，从事工业、建筑业、商业等活动。同样，随着机器人的发展和普及应用，必将促使一个新产业——机器人制造业以及相关领域的大发展，从而为人们提供新的就业机会。

其次，人类社会发展水平的高低，人的平均工作时间的长短，也是一个重要标志。在经济落后、生产水平低下的时代，人们往往是天天劳作、每天劳作十几个小时，随着生产水平的提高和经济的发展，人们实行了每周6天、每天8小时工作制，进而实行每周5天、每天6~7小时，甚至更短时间的工作制。剩余时间，人们可以进行积极而愉快地学习和休息，这也是人类追求的目标。采用机器人代替人类进行各种工作，是使人类实现"有效工作、愉快生活"目标的一个卓有成效的措施和手段。

1999年10月26日至29日，在日本东京举办了国际机器人展览会，该展览会的主题思想是"人与机器人共存，知识与技术共融"，这实际上给机器人发展指出了方向。所谓"人与机器人共存"，就是随着机器人技术日益提高，机器人必将走向智能化、实用化和普及化，是人类不可或缺的亲密伙伴和助手，与人类相互依存，共存于这个世界上。

所谓"知识与技术共融",是指在学术观点方面,机器人发展必须遵循科学与技术相互融合、相互渗透、相互促进、融会贯通、相融共济的原则。

最快的工业机器人

1997 年 7 月,日本的公司研制了远程伙伴 100I 型高速运输机器人,其轴心速度大约比前几代高 79%。该机器人能将物体运送 3 千米远,在 0.58 秒内可上下移动 2.5 厘米,前后移动 30 厘米,比前几代机器人快 60%。

机器人的构造
JIQIREN DE GOUZAO

机器人一般由执行机构、驱动装置、检测装置、控制系统和复杂机械等组成。执行机构即机器人本体，其臂部一般采用空间开链连杆机构，其中的运动副（转动副或移动副）常称为关节，关节个数通常即为机器人的自由度数。驱动装置是驱使执行机构运动的机构，按照控制系统发出的指令信号，借助于动力元件使机器人进行动作。检测装置的作用是实时检测机器人的运动及工作情况，根据需要反馈给控制系统，与设定信息进行比较后，对执行机构进行调整，以保证机器人的动作符合预定的要求。

控制系统有两种方式。一种是集中式控制，即机器人的全部控制由一台微型计算机完成。另一种是分散（级）式控制，即采用多台微机来分担机器人的控制，如当采用上、下两级微机共同完成机器人的控制时，主机常用于负责系统的管理、通讯、运动学和动力学计算，并向下级微机发送指令信息；作为下级从机，各关节分别对应一个CPU，进行插补运算和伺服控制处理，实现给定的运动，并向主机反馈信息。

机器人的构造

科学家研制机器人，实际上是仿照人类去塑造机器人，首先要使机器人具有人类的某些功能、某些行为，能够胜任人类指派的某种任务，其最高标准应为类人型智能机器人。因此，我们研讨机器人的基本结构，可与人体的基本结构相对照来进行。

大家知道，在万物众生中，人类的形貌是最完美的：整个躯体比例匀称、结构巧妙；有生动的面孔、能思维的头脑和灵活的四肢；在胸腹腔内，有五脏六腑，组织结构极为复杂、严密，这就是万物之灵的人类。根据人体解剖学，整个人体共分为9个系统：

（1）由骨、骨连接和肌肉组成的运动系统。全身共有大小不同、形状各异的骨头206块，构成了骨骼，它是人体的支架；有600余块肌肉，约占人体重量的40%，它是人体运动的动力器官。

（2）由消化道和消化腺组成的消化系统。其主要功能是对食物进行消化和吸收，以供给人们在生长、发育和活动中所需要的营养物质。简言之，该系统是人体的能源供应部。

（3）由呼吸道和肺组成的呼吸系统。呼吸是生命活动的重要标志，人活着就要不停地从外界吸进氧气，同时呼出二氧化碳。

（4）由肾、输尿管、膀胱和尿道组成的泌尿系统。其主要功能是以尿的形式排出一些有害物质。

（5）由男、女生殖器官组成的生殖系统。主要功能是繁衍下一代。

（6）由心、血管和淋巴系组成的循环系统。心脏是人体的动力器官，它有节律地跳动，推动血液在血管中流动循环，以保证机体营养的需要，维持人体新陈代谢的正常运行。

（7）由脑、脊髓和周围神经组成的神经系统。它在人体内处于主导地位，由它控制和管理着人体的各种生命活动。

（8）由皮肤、眼睛和耳朵（还有鼻、口）组成的感觉器官。感觉器官主要功能是接受外界刺激（信息）发生兴奋，然后由神经传导到相应的神经中枢，从而产生感觉。皮肤有温、痛、

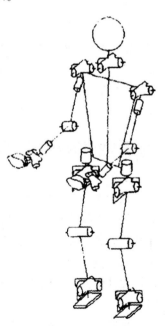

机器人结构图

触觉的感受作用，眼睛是视觉器官，耳朵为听觉器官。另外，口腔及舌具有味觉功能，鼻子具有嗅觉功能。

（9）由无管腺体组成的内分泌系统。内分泌腺没有导管，散布于人体各个部位，其主要功能是可分泌出"激素"这种极为重要的物质，对人体的代谢、生长、发育和繁殖等起着重要的调节作用。

人体的组织结构是一个非常严密、非常复杂的统一体，细胞是构成人体最基本的形态结构单位和机能单位。各系统之间互相关联、影响和依存，在神经系统统一支配下，各系统协调一致，共同完成人的生命活动和功能活动。

机器人的结构，通常由 4 大部分组成，即执行机构、驱动系统、控制系统和智能系统。

潜得最深的机器人

1992 年，日本海洋科技中心耗资 5 000 万美元研制出"海沟"号水下机器人。"海沟"号长 3 米，重 5.4 吨，它是缆控式水下机器人，装备有复杂的摄像机、声呐和一对采集海底样品的机械手。经过数次失败，1995 年 3 月 24 日，"海沟"号机器人成功地探测了马里亚纳海沟的深度。

机器人的执行系统

众所周知，人的功能活动（劳动）分为脑力劳动和体力劳动两种，但两者往往又不能截然分开。从执行器官讲，就是在大脑支配下的嘴巴和四肢。单从体力劳动来讲，可以靠脚力、肩扛，但最为主要的是人的手臂和手，所谓"双手创造世界"。而手的动作，离不开胳臂、腰身的支持与配合。手部的动作和其他部位的动作是靠肌肉收缩和张弛，并由骨骼作为杠杆支持而完成的。

机器人的执行机构，包括手部、腕部、腰部和基座，它与人身结构基本上相对应，其中基座相当于人的下肢。机器人的构造材料，至今仍是使用无生命的金属和非金属材料，用这些材料加工成各种机械零件和构件，其中有仿人形的"可动关节"。机器人的关节（相当于机构中的"运动副"），有滑动关节、回转关节、圆柱关节和球关节等类型，在何部位采用何种关节，则由要求它做何种运动而决定。机器人的关节，保证了机器人各部位的可动性。

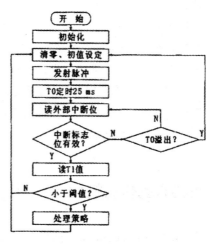

机器人执行系统

机器人的手部，又称末端执行机构，它是工业机器人和多数服务型机器人直接从事工作的部分，根据工作性质（机器人的类型），其手部可以设计成夹持型的夹爪，用以夹持东西；也可以是某种工具，如焊枪、喷嘴等；也可以是

非夹持类的，如真空吸盘、电磁吸盘等；在仿人形机器人中，手部可能是仿人形多指手了。

机器人的腕部，相当于人的手腕，它上与臂部相连，下与手部相接，一般有3个自由度，以带动手部实现必要的姿态。

机器人的臂部，相当于人的胳膊，下连手腕，上接腰身（人的胳膊上接肩膀），一般由小臂和大臂组成，通常是带动腕部做平面运动。

机器人的腰部，相当于人的躯干，是连接臂部和基座的回转部件，由于它的回转运动和臂部的平面运动，就可以使腕部做空间运动。

机器人的基座，是整个机器人的支撑部件，它相当于人的两条腿，要具备足够的稳定性和刚度，有固定式和移动式两种类型，在移动式的类型中，有轮式、履带式和仿人形机器人的步行式等。

潜水最深机器人"海沟"号结局

日本海洋科技中心宣布，该中心的"海沟"号无人潜水探测器在日本附

近的太平洋海域失踪。作为当今世界上下潜最深的无人潜水器，"海沟"号的失踪不仅给日本的深海研究工作造成巨大损失，也让各国的深海研究科学家们痛惜不已。当时，"海沟"号正在日本南部海域 4 660 多米深的海底进行地震研究工作。船上科研人员突然发现即将有台风来袭，于是决定提前结束研究工作，收回"海沟"号。可就在此时，人们发现重达 5.6 吨的"海沟"号已经"挣脱"了与母船相连接的铰链。据猜测，它可能已经被海流冲走，要不就是沉入了更深的海底。

机器人的传动机构

机器人的驱动——传动系统，是将能源传送到执行机构的装置。其中，驱动器有电机（直流伺服电机、交流伺服电机和步进电机）、气动和液动装置（压力泵及相应控制阀、管路）；而传动机构，最常用的有谐波减速器、滚珠丝杠、链、带及齿轮等传动系统。

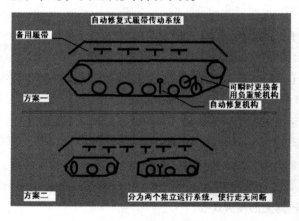

机器人的一种传动系统

机器人的能源按其工质的性质，可分为气动、液动、电动和混合式 4 大类，在混合式中，有气—电混合和液—电混合。液压驱动就是利用液压泵对液体加压，使其具有高压势能，然后通过分流阀（伺服阀）推动执行机构进行动作，从而达到将液体的压力势能转换成做功的机械能。液体驱动的最大特点，就是动力比较大，力和力矩惯性比大，反应快，比较容易实现直接驱动，特别适用于要求承载能力和惯性大的场合。其缺点是多了一套液压系统，对液压元件要求高，否则，容易造成液体渗漏，噪声较大，对环境有一定的污染。

气压驱动的基本原理与液压驱动相似。其优点是空气来源方便，动作迅速，结构简单，造价低廉，维修方便。其缺点是不易进行速度控制，气压不宜太高，负载能力较低等。

电动驱动是当前机器人使用最多的一种驱动方式，其特点是电源方便，响应快，信息传递、检测、处理都很方便，驱动能力较大。其缺点是因为电机转速较高，必须采用减速机构将其转速降低，从而增加了结构的复杂性。目前，一种不需要减速机构可以直接用于驱动，具有大转矩的低速电机已经出现，这种电机可使机构简化，同时可提高控制精度。

机器人的驱动系统，相当于人的消化系统和循环系统，是保证机器人运行的能量供应。

机器人的指挥系统

机器人的控制系统是由控制计算机及相应的控制软件和伺服控制器组成，它相当于人的神经系统，是机器人的指挥系统，对其执行机构发出如何动作的命令。不同发展阶段的机器人和不同功能的机器人，所采取的控制方式和水平是不相同的。例如，在工业机器人中，有点位控制和连续控制两种方式。最新和最为先进的控制是智能控制技术。

所谓智能，简言之，是指人的智慧和能力，就是人在各种复杂的条件下，为了达到某一目的，能够做出正确的决断，并且实施和成功。在机器人控制技术方面，科学家一直努力，企图将人的智能引入机器人控制系统，以形成其智能控制，达到在没有人的干预下，机器人能实现自主控制的目的。

机器人智能系统由两部组成：感知系统和分析—决策智能系统。

感知系统主要靠具有感知不同信息的传感器构成，属于硬件部分，包括视觉、听觉、触觉以及味觉、嗅觉等传感器。在视觉方面，目前多是利用摄像机作为视觉传感器，它与计算机相结合，并采用电视技术，使机器人具有视觉功能，可以"看到"外界的景物，经过计算机对图像的处理，就可对机器人下达如何动作的命令。这类视觉传感器在工业机器人中，多用于识别、监视和检测。

机器人婴儿

2001 年 2 月 26 日，《解放日报》报道了美国麻省理工学院（MIT）科学家布雷吉尔女士发明了一个名叫"基斯梅特"的婴儿机器人。它有一个大脑袋，身体矮小，有一双大得不成比例的蓝眼睛，两只粉红色的耳朵，一张用橡胶做成的大嘴巴，具有婴儿的视力和喜、怒、哀、乐的表情，令人爱怜。它的眼睛是由两台微型电子感应摄像机构成的，最佳聚焦位置为 0.6 米，与婴儿的视力大致相同。

机器人的听觉功能，就是指机器人能够接受人的语音信息，经过语音识别、语音处理、句法分析和语义分析，最后做出正确对答的能力。这就是所谓的"语音识别"。语音识别系统一般是由传声器、语音预处理器、计算机及专用软件所组成。

例如，日本本田公司于 2001 年 4 月推出了类人机器人"ASIMO"，该机器人具有语音识别功能，可以与人进行简单的对话，并且能配合语言做出诸如转身、鞠躬、挥手等 30 多种动作。

我国哈尔滨工业大学机器人技术有限公司的最新产品——迎宾机器人，其外形与功能已十分像人类，它的手臂、头部、眼睛、嘴巴、腰部，会随着优美的乐曲，做出相应的动作。它还具有语音功能，会唱歌、讲解、背诵唐诗、致迎宾词等。

目前机器人的语言是一种"合成语言"，与人类的语言有很大的区别。其语音尚没有节奏，没有抑、扬、顿、挫。

机器人的触觉传感器，多为微动开关、导电橡胶或触针等，利用它对触点接触与否所形成电信号的"通"与"断"，传送到控制系统，从而实现对机器人执行机构的命令。

当要求机器人不得接触某一对象而又要实施检测时，就需要机器人安装非接触式传感器，目前这类传感器有电磁涡流式、光学式和超声波式等类型。

机器人的力学传感器。当要求机器人的末端执行机构（如抓爪）具有适度的力量，如握力、拧紧力或压力时，就需要有力学传感器。力学传感器种类较多，常用的是电阻应变式传感器。

机器人的嗅觉传感器。人类的嗅觉是通过鼻黏膜感受气味的刺激，由嗅觉神经传递给大脑，再由大脑将信息与记忆的气味信息加以比较，从而判定气味的种类及来源。科学家研制出一种能辨别气味的电子装置，叫做"电子鼻"，它包括气味传感器、气味存储器和具有识别处理有关数据的计算机。其中气味（嗅觉）传感器就相当于人类的"鼻黏膜"。但是，一种嗅觉传感器只能对一类气味进行识别，所以，必须研制出对复合气体有识别能力的"电子鼻"。据报道，美国已研制成用 20 种相关的传感器和计算机相连，以计算机存储的气味记录与传感器信号加以比较判定，并可在显示器上显示。人的鼻子对气味的判定具有多种性，但因易疲劳和受病痛的影响，因此不十分可靠，而电子鼻胜过人类。

机器人的分析—决策智能系统，主要是靠计算机专用或通用软件来完成，例如专家咨询系统。

目前，一些发达国家都在加紧新一代机器人的研制工作。例如，日本住友公司研制出具有视觉、听觉、触觉、味觉和嗅觉 5 种感知功能的机器人，它内部装置了 14 种微处理器，有很强的记忆功能，一次接触就可以记住你的声音和面貌。再如，美国斯坦福大学研制成功的保卫机器人——"罗伯特警长"，当它发现窃贼时，会立即发出报警信号，并且穷追不舍，

机器人少女

一旦抓住了窃贼，它就立即向窃贼脸上喷出麻醉气体，使之昏迷。

综上所述，机器人的构造与人类相比，可以看出，目前机器人没有呼吸

系统，尚不具备生殖系统，没有类人的肌肉和皮肤，其余，从功能方面讲，都可以互相对应起来。据机器人专家预测，未来的机器人可能会与生物人难以区别。

最自由的机器人

自动深海潜水器（ABE）也是美国水下机器人中的佼佼者，它可以不依靠航海员或导航船的导航自由行动。ABE凭借一套编好的指令，能潜出、潜入并自行决定目的地和测量时间，可以在一定的范围内搜集数据、样本并进行拍照。

机器人的神经系统

智能机器人技术属于智力密集型的高技术范畴，代表着21世纪科学技术一个重要方向。智能机器人是比机械手更进一步的机器人，它在工业、农业、国防等方面具有广阔的应用前景。另外，自从80年代中期以来，世界上掀起了研究神经网络的热潮，形成了神经网络这个新兴的多学科交叉技术领域。把两者结合起来，采用神经网络进行机器人的眼手协调控制研究，是目前智能机器人研究领域的前沿课题。我国已经把这项研究列入国家重点发展的高新技术项目。国防科技大学从1990年起承担这一项国家自然科学基金课题，经过3年的努力，研究成功了我国第一台神经网络控制机器人眼手系统。

据专家介绍，所谓眼手系统，就是机器人中具有视觉功能的眼睛和运动功能的手相互协调的系统。机器人控制的传统方法，需要用力学和几何学方法建立严格的运动学和动力学方程，譬如机械手如果有5根杆子、5个关节，这就需要几十个方程来描述它。再加上这些方程是非线性的，即使用很高级的计算机也难做到实施控制，也就是说传统的控制方法已经不能适应机器人发展的需要。

要使机器人在不确定的环境下完成复杂的任务，就必须具有能学习、能规划、能作出高层决策的功能，这样，就必须突破传统的控制方法。传统的机械手没有视觉功能，是瞎子摸东西，我国研究成的这台神经网络控制机器人眼手系统，采用了神经网络控制方法，它具有双目立体视觉，还具有自组织、自学习、自适应的功能。

什么是自组织功能？就是指我们根据人类的运动神经细胞的自组织原理

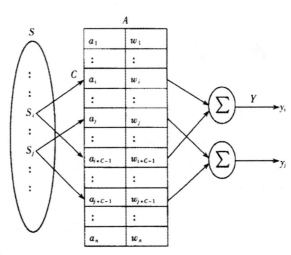

机器人的眼手系统

来设计软件，它指令机械手完成某一个具体抓举动作时，并不需要所有的神经元参加，而只要相应的神经元参加。

自学习功能，是指这种机器人的控制方法是通过学习学会的，而不是像普通机器人那样靠解方程，按原设计的程序来完成动作的。

下一步要做的工作就是进一步完善神经网络控制机器人的眼手系统。第一是要提高速度，主要是加快图像处理的速度。速度一快，系统就可以完成视觉反馈，加快眼手之间的快速协调。第二是要增加传感器，使它增加力的感觉，不仅能抓准目标，而且能抓稳目标。这样，机器人的眼看得更快，手抓得更稳，眼和手之间达到理想的协调，就能担负更快速、更复杂、更精细的工作。传统的机器人只能完成喷漆、焊接等重复性的工作，精度不高。而将来神经网络控制的机器人，可以承担技术精湛的工作，用途广泛。例如，它能在川流不息的汽车生产线上，及时拿起一个个零件，装配到恰当的部位上去，并且把一个个螺丝拧紧，代替熟练的装配工人。

机器人的五官

机器人的手

机器人要模仿动物的一部分行为特征，自然应该具有动物脑的一部分功能。机器人的大脑就是我们所熟悉的电脑。但是光有电脑发号施令还不行，最基本的还得给机器人装上各种感觉器官。我们在这里着重介绍一下机器人的"手"和"脚"。

机器人必须有"手"和"脚"，这样它才能根据电脑发出的"命令"动作。"手"和"脚"不仅是一个执行命令的机构，它还应该具有识别的功能，这就是我们通常所说的"触觉"。因为动物和人的听觉器官和视觉器官并不能感受所有的自然信息，所以触觉器官就得以存在和发展。动物对物体的软、硬、冷、热等的感觉就是靠触觉器官。在黑暗中看不清物体的时候，往往要用手去摸一下，才能弄清楚。大脑要控制手、脚去完成指定的任务，也需要由手和脚的触觉所获得的信息反馈到大脑里，以调节动作，使动作适当。因此，我们给机器人装上的手应该是一双会"摸"的、有识别能力的灵巧的"手"。

机器人的手一般由方形的手掌和节状的手指组成。为了使它具有触觉，在手掌和手指上都装有带弹性触点的触敏元件（如灵敏的弹簧测力计）。如果要感知冷暖，还可以装上热敏元件。当触及物体时，触敏元件发出接触信号，否则就不发出信号。在各指节的连接轴上装有精巧的电位器（一种利用转动来改变电路的电阻因而输出电流信号的元件），它能把手指的弯曲角

机器人的手

度转换成"外形弯曲信息"。把外形弯曲信息和各指节产生的"接触信息"一起送入电子计算机，通过计算就能迅速判断机械手所抓的物体的形状和大小。

现在，机器人的手已经具有了灵巧的指、腕、肘和肩胛关节，能灵活自如地伸缩摆动，手腕也会转动弯曲。通过手指上的传感器还能感觉出抓握的东西的重量，可以说已经具备了人手的许多功能。

机器人的眼睛

人的眼睛是感觉之窗，人有 80% 以上的信息是靠视觉获取，能否造出"人工眼"让机器也能像人那样识文断字，看东西，这是智能自动化的重要课题。关于机器识别的理论、方法和技术，称为模式识别。所谓模式是指被判别的事件或过程，它可以是物理实体，如文字、图片等，也可以是抽象的虚体，如气候等。机器识别系统与人的视觉系统类似，由信息获取，信息处理与特征抽取，判决分类等部分组成。

机器认字

大家知道，信件投入邮筒需经过邮局工人分拣后才能发往各地。一人一天只能分拣 2 000～3 000 封信，现在采用机器分拣，可以提高效率十多倍。机器认字的原理与人认字的过程大体相似。先对输入的邮政编码进行分析，并抽取特征，若输入的是个"6"，其特征是底下有个圈，左上部有一直道或带拐弯。其次是对比，即把这些特征与机器里原先规定的 0 到 9 这十个符号的特征进行比较，与哪个数字的特征最相似，就是哪个数字。这一类型的识别，实质上叫分类，在模式识别理论中，这种方法叫做统计识别法。

机器人认字的研究成果除了用于邮政系统外，还可用于手写程序直接输入、政府办公自动化、银行合计、统计、自动排版等方面。

机器识图

现有的机床加工零件完全靠操作者看图纸来完成。能否让机器人来识别图纸呢？这就是机器识图问题。机器识图的方法除了上述的统计方法外，还有语言法。它是基于人认识过程中视觉和语言的联系而建立的，把图像分解

成一些直线、斜线、折线、点、弧等基本元素，研究它们是按照怎样的规则构成图像的，即从结构入手，检查待识别图像是属于哪一类"句型"，是否符合事先规定的句法。按这个原则，若句法正确就能识别出来。

机器识图具有广泛的应用领域，在现代的工业、农业、国防、科学实验和医疗中，涉及大量的图像处理与识别问题。

机器识别物体

机器识别物体即三维识别系统，一般是以电视摄像机作为信息输入系统。根据人识别景物主要靠明暗信息、颜色信息、距离信息等原理，机器识别物体的系统也是输入这三种信息，只是其方法有所不同罢了。由于电视摄像机所拍摄的方向不同，可得各种图形，如抽取出棱数、顶点数、平行线组数等立方体的共同特征，参照事先存储在计算机中的物体特征表，便可以识别立方体了。

机器人的眼睛

目前，机器可以识别简单形状的物体。对于曲面物体、电子部件等复杂形状的物体识别及室外景物识别等研究工作，也有所进展。物体识别主要用于工业产品外观检查，工件的分选和装配等方面。

机器人的耳朵

人的耳朵是仅次于眼睛的感觉器官，声波叩击耳膜，引起听觉神经的冲动，冲动传给大脑的听觉区，因而引起人的听觉。机器人的耳朵通常是用"微音器"或录音机来做的。被送到太空去的遥控机器人，它的耳朵本身就是一架无线电接收机。

人的耳朵是十分灵敏的。我们能听到的最微弱的声音，它对耳膜的压强是每平方厘米只有一百亿分之十几牛。这个压强的大小只是大气压强的一百亿分之几。可是用一种叫做钛酸钡的压电材料做成的"耳朵"比人的耳朵更为灵敏，即使是火柴棍那样细小的东西反射回来的声波也能被它"听"得清清楚楚。如果用这样的耳朵来监听粮库，那么在 2 ~ 3 千克的粮食里的一条小虫爬动的声音也能被它准确地"听"出来。

用压电材料做成的"耳朵"之所以能够听到声音，其原因就是压电材料在受到拉力或者压力作用的时候能产生电压，这种电压能使电路发生变化。这种特性就叫做压电效应。当它

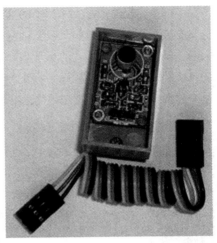

机器人的耳朵

在声波的作用下不断被拉伸或压缩的时候，就产生了随声音信号变化而变化的电流，这种电流经过放大器放大后送入电子计算机（相当于人大脑的听区）进行处理，机器人就能听到声音了。

但是能听到声音只是做到了第一步，更重要的是要能识别不同的声音。目前人们已经研制成功了能识别连续话音的装置，它能够以百分之九十九的比率，识别不是特别指定的人所发出的声音，这项技术就使得电子计算机能开始"听话"了。这将大大降低对电子计算机操作人员的特殊要求。操作人员可以用嘴直接向电子计算机发布指令，改变了人在操作机器的时候手和眼睛忙个不停而嘴巴和耳朵却是闲着的状况。一个人可以用声音同时控制四面八方的机器，还可以对楼上楼下的机器同时发出指令，而且并不需要照明，这样就很适宜于在夜间或地下工作。这项技术也大大加速了电话的自动回答、车票的预订以及资料查找等服务工作的自动化实现的进程。

现在人们还在研究使机器人能通过声音来鉴别人的心理状态，人们希望未来的机器人不光能够听懂人说的话，还能够理解人的喜悦、愤怒、惊讶、犹豫和暧昧等情绪。这些都会给机器人的应用带来极大的发展空间。

机器人的鼻子

人能够嗅出物质的气味，分辨出周围物质的化学成分，这全是由上鼻道

的黏膜部分实现的。在人体鼻子的这个区域，在只有五平方厘米的面积上却分布有五百万个嗅觉细胞。嗅觉细胞受到物质的刺激，产生神经脉冲传送到大脑，就产生了嗅觉。人的鼻子实际上就是一部十分精密的气体分析仪。人的鼻子是相当灵敏的，就算在一升水中放进二百五十亿分之一的乙硫醇（就是一种特殊的具有异常臭味的化学物质），人的鼻子也能够闻出来。

机器人的鼻子

机器人的鼻子也就是用气体自动分析仪做成的。我国已经研制成功了一种嗅敏仪，这种气体分析仪不仅能嗅出丙酮、氯仿等四十多种气体，还能够嗅出人闻不出来但是却可以导致人死亡的一氧化碳（也就是我们通常所用的煤气）。这种嗅敏仪有一个由二氧化锡、氯化钯等物质烧结而成的探头（相当于鼻黏膜）。当它遇到某些种类气体的时候，它的电阻就发生变化，这样就可以通过电子线路做出相应的显示，用光或者用声音报警。同时，用这种嗅敏仪还可以查出埋在地下的管道漏气的位置。

现在利用各种原理制成的气体自动分析仪已经有很多种类，广泛应用于检测毒气，分析宇宙飞船座舱里的气体成分，监察环境等方面。

这些气体分析仪，原理和显示都和电现象有关，所以人们把它叫做电子鼻。把电子鼻和电子计算机组合起来，就可以做成机器人的嗅觉系统了。

最耐用的机器人

1957 年，在英国坎布里亚郡，发生了世界上最严重的核事故。发生事故时，现有技术不能适应工厂中被破坏的反应堆里的极其特殊的环境，所以只好用几米厚的水泥把反应堆里的 15 吨的铀料埋起来。为了清除掉现场的污染物，英国的核燃料有限公司成功地研制了一名叫"指挥官"的机器人。该机器人能抵御极强的辐射作用，它的5节液压传动臂能移动重达127千克的物体。

机器人的新结构

机器人本体要采用新结构，尽量把机器人的各个系统融于一体，使本身自重减小，变得更加轻巧，提高机器人的性能重量（或体积）比。有关专家认为：机器人的小型化、轻巧化、行动敏捷化、对声音和视觉感测度的敏感化，是工程用或工业用的大型机器人演进到家庭用机器人之间技术上必须克服的难关。为此，必须开发和采用新型材料，优化结构设计，开发和利用高性能的驱动器、传感器等部件。

日本生产的美女机器人

现在机器人的设计、加工、装配等工作，仍然靠人工进行。但是，据2001年英国《自然》杂志报道，美国科学家已经将生物进化论的自然选择原则，用于机器人自行"生产"上，成功地研制出能制造机器人的"超智能机器人"。科学家通过计算机仿真，使机器人设计模型经历数十代、数百代"优胜劣汰"的"进化"，最后由计算机选择出几种最优的模型，然后控制自动生产设备，按模型加工出机器人。这时，只要研究人员给机器人装上电动机，就可成为形态各异、运动方式不同的机器人。这是机器人制造技术上的一大突破，这将使未来机器人可自行进行"繁殖"，并不断"进化"成更高级机器人。

另据报道，美国宾夕法尼亚大学人类学家哈杰司斯教授，正在研究一种具有七情六欲的机器人，可以与生物人"结婚"、"生育"，其核心技术是它具有一个人造子宫，能够代替女性受孕和分娩。这种机器人，可望在今后20~50年问世。这给不能生育或不愿意自己怀孕生育的女性带来福音。

智能机器人是以高性能的计算机为核心、由若干智能设备与之配合、融进先进的传感器与人工智能技术，使机器人能像人类一样，具有各类感知和识别机能，最终做出相应的反应，也就是机器人应具有的自治行为。

机器人控制水平的提高，应不断采用信息技术发展的新成果，其中，机器人感知器件——传感器技术的发展，是关键技术之一。不仅要研制高灵敏度、高精确度、体积小的单个高性能传感器，还要发展多传感器的融合技术，这样才能使机器人感知的信息具有全面性和真实性。

机器人的新型"肌肉"

前文已述，人的运动系统是由骨、骨连接和肌肉组成的。人体的一切运动，都是肌肉的收缩和舒张的结果，肌肉对人的活动，具有极强的控制能力。

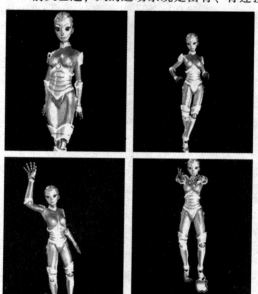

表情丰富的机器人

然而，至今已经应用的机器人，其运动机理与人类完全不同，它们在其构件的外面，一般没有像人的肌肉和皮肤，即使有外包装，仅仅起保护或装饰作用。要使机器人真正实行智能化、类人化，必须研制和采取类似人类骨骼和肌肉那样的新材料。

据报道，目前有两类新型材料已经研发出来，并初步试用。一种是功能材料，另一种是"四肢肌肉"（又称人造肌肉）。

所谓功能材料，就是通过改变材料的组织成分、内部结构、不同的添加剂以及制造工艺，使之具有某种特殊机能的高分子材料和新型合金。例如，具有记忆功能的记忆合金。功能材料在未来机器人中，作为结构材料，特别是用作传感器的材料，会有很好的应用前景。

所谓"四肢肌肉"，是由一条结实的塑料网和套在里面的橡胶管组成。其工作原理是当管内充入低压压缩空气时，四肢肌肉就会像人类的肌肉那样进行收缩。这种四肢肌肉体积小、重量轻、收缩力大、构造简单，使用方便、柔顺、灵活、安全，易于控制，用这种材料制造机器人，可使之具有人性化。目前四肢肌肉达到的技术指标为：最小直径9毫米，最轻重量5克，在4×10^{-5}帕的压力下能提起210千克重物。典型的四肢肌肉的力量质量比高达400:1。

日本东京大学研究小组，花了15年的时间，研制成一张具有喜、悲、恨、恶、怒、惊6种表情的机器人面孔。这张仿人面孔，是用硅橡胶做面皮，下面有18个活动部件，可以使眉毛、鼻子、眼睛、嘴巴等在计算机的协调指挥下，做相应的动作，十分逼真。

最先进的人工智能"深蓝"

"深蓝"是美国国际商用机器公司RS/600/SP国际象棋超级计算机，于1997年以312:212的成绩击败了世界国际象棋冠军加里·卡什帕罗夫。因为拥有象棋步骤的副计算器，"深蓝"在1秒里能检测2亿步，这使它在3分钟内可转换500亿步（而在同出一步）。卡什帕罗夫说，这种计算能力使"深蓝"下棋"极其精确"。

机器人本领大
JIQIREN BENLING DA

有些人认为，最高级的机器人要做得和人一模一样，其实非也。实际上，机器人是利用机械传动、现代微电子技术组合而成的一种能模仿人某种技能的机械电子设备，它是在电子、机械及信息技术的基础上发展而来的。然而，机器人的样子不一定必须像人，只要能独立完成一些人类的技能或有一定危险性的工作，就属于机器人大家族的成员。

随着社会的不断发展，各行各业的分工越来越明细，尤其是在现代化的大产业中，有的人每天就只管拧一批产品的同一个部位上的一个螺母，有的人整天就是接一个线头，就像电影《摩登时代》中演示的那样，人们感到自己在不断异化，各种职业病逐渐产生，于是人们强烈希望用某种机器代替自己工作，机器人的出现满足了大家的愿望，它可以代替人们去完成那些单调、枯燥或是危险的工作，机器人与人们的生活联系越来越紧密了。

追赶人脑的机器人脑

瑞士洛桑理工学院参与人造哺乳动物大脑项目"蓝脑计划"的科学家表示，随着各种难题不断被攻克，世界上首个人造电子大脑将在 10 年内问世。

虽然之前也曾有科研小组宣称制造出"人造大脑",但与"蓝脑"相比只能算简单的机械电子装置。

作为现代脑科学、计算机科学交叉研究前沿,人工智能技术一直是人们眼中"未来世界"的代表,众多科幻电影不断描绘充满人工智能技术的"未来":2001年斯皮尔伯格执导的《人工智能》中,出现了可以和人类谈恋爱的"情人"机器人;2004年威尔·史密斯主演的《机械公敌》中,叛逆的机器人甚至要控制世界……机器人可能变得这么聪明吗?

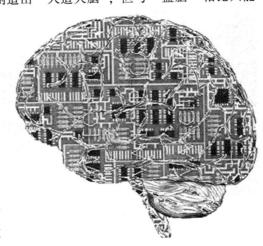

能与人脑媲美的机器人脑

答案是肯定的,只要它们拥有堪与人脑媲美的机械脑。

"蓝脑计划"是2005年由瑞士洛桑理工学院大脑与心智研究所发起,最初的目的是研究大脑的构造和功能原理。几年后该项目影响扩大,来自西班牙"马德里超级计算与可视化中心"及英、美、以色列等国的脑科学专家参与这一研究。2006年年底,研究小组宣布"蓝脑计划"的第一阶段目标——皮质柱(大脑皮层中的柱状结构)的模拟顺利完成。在此鼓舞下,科学家们决定向"整体脑部模拟"进军,即根据实验数据与仿真计算,逆向打造哺乳动物的大脑。

人脑如同一台超级生物计算机,可以储存亿万个信息,这些信息不断变换、更新,进而使我们接受新的知识。与普通计算机相比,人脑信息储存量惊人,它对庞杂输入信息的灵敏反应,以及通过输出信息对各种生化反应的精确调控令人叹为观止。简单地说,研究人员的任务就是利用人脑这台"生物计算机"运行时生物体产生的各种反应,如生物电流、信号传输、细胞运动、血液流动等,反演出其构造,从而在实验室中制造人造大脑。

"蓝脑"研究小组创建了一个模拟近一万个脑神经细胞的三维模型,模仿老鼠大脑皮层的活动。在英国牛津举行的科技、娱乐及设计全球研讨会上,

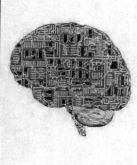

蓝脑计划

"蓝脑计划"项目主任、瑞士洛桑理工学院大脑与心智研究所所长亨利·马克莱姆举例说："要完成对一个神经元的所有模拟运算，你需要一台笔记本电脑。而完成一个老鼠脑模型的模拟，需要 1 万台笔记本电脑。"当然，"蓝脑"研究小组用的不是笔记本电脑，而是 IBM "蓝色基因"超级计算机。

机器人的好处

当代，医学科学技术发展的水平，一方面在人口繁衍问题上，基本达到了随心所欲的程度，可以做到计划生育、优生优育、人工繁殖等。而另一方面，世界各国都存在着失业和就业难的问题。在这种形势下，人类为什么还要大力发展机器人呢？这是不是人类自找麻烦和制造"掘墓人"呢？要回答这个问题，就要具体分析一下机器人具有什么样的本领，它给人类带来的好处有哪些，有没有需要注意的问题。

有的学者对使用机器人的好处归纳为以下两个方面，即提高了社会效益和经济效益。

社会效益方面

（1）可改善工作人员的劳动环境，使工人安全性提高了，劳动强度降低了。

（2）在科学研究和生产领域，机器人可代替人类做人类难以做的工作。

（3）机器人在无故障的情况下，绝对会忠于职守，无私奉献，不会招惹是非。

经济效益方面

（1）可以提高生产效率数倍到数十倍。

（2）可以提高产品质量。

（3）可以减少工作场地。

（4）可以降低成本，包括劳动成本、节能和节省原材料。

（5）可以节省劳动力。

（6）可以简化管理，降低库存。

（7）能做到产品批量可大可小，品种多样化、转产周期短。

（8）不需要衣、食、住、行条件，省去吃、喝、排泄的麻烦。

机器人的真实本领

第一，机器人具有快速准确、不知疲劳和连续作战的本领。20世纪下半叶，世界上的主要工业国，如美国、日本及欧洲一些国家，其制造业进入高度自动化生产，其特点是生产装备比较先进、复杂，自动化程度高，生产流程连续化，节奏快、分

生产型机器人

工细，要求工人在生产线上精神要高度集中，操作反应要迅速，这种紧张而又单调、重复性的工作，劳动强度很大。在这种劳动条件下，工人难以适应，很容易产生过度疲劳，会出现生产效率降低和产品质量问题。例如电子装配任务，其工作面很小，所用的管脚、元器件、线头、插头，密密麻麻，靠工人插装、焊接，十分困难。采用机器人代替工人操作，既快又好，既稳定了产品质量，又大大提高了生产效率，从而增强了该产品的竞争力。

工业机器人

第二，号称"钢领工人"的机器人，具有一不怕苦、二不怕死的品质，用它代替工人从事有害、有毒、高温、易燃、易爆等危险作业，解脱了有害物质与环境对人的危害。

据统计，我国有2 000多万工人工作在各类有害的环境中，其中有100多万人因吸收了有害粉尘而得了肺尘病。我们发展和采用机器人，就可以把他们解脱出来。

第三，我们人类的智慧是无限的，但是，人类每一个体的体能和寿命是有限的。在人类进行科学研究中，有些空间领域或者环境，人类不宜或者根本无法身临其境。例如，火山、地震发生时的实时检测与救护；核试验现场实地检测和取样；深海海底的检测、救援与打捞；人体内部的检查与疾病治疗；人不宜进入的实验室（超高温、超低温、超净室等）；宇宙空间探险等。这些空间领域或环境，都超出了人类的体能或寿命的限度。机器人具有刀山敢上、火海敢闯、可上九天揽月、可下五洋捉鳖的本领。它的形体，根据任务的不同，可制成庞然大物，也可以小如昆虫、细菌。它们在工作时，只要有必要的能源（如电能），不需吃、喝、排泄，也不要睡眠休息。例如宇宙机器人，可以经若干年或更长的时间到达预定的目标，这样的能力，我们人类是不具备的，而机器人可以代替人类完成任务。

机器人最远的旅行

1997年7月4日，美国国家航空与航天局的"旅居者"机器人完成了它到火星长达1 290万千米的旅行，在早期的"探路者"登陆舱的着陆点附近着陆。这个重量仅 17.55 千克的机器人是在地球上遥控、在火星表面进行科学实验的。由于离地球上的遥控器太远，操作指令几乎用 20 分钟才能传达到机器人那里。

有大用的微型机器人

微型机器人和微操作系统是在细微空间或狭窄空间中进行精密操作、检测或作业的机器人系统。其中微机器人一般在三维或两维尺寸上是微小的。而微操作系统在尺寸上一般不在微小范围之内，但可以实现微米、亚微米的定位和操作。

微型机器人在核电站细小管道、发动机等狭窄空间检测、军用侦察、医疗等领域有广泛的用途；微操作系统在生命科学、精密组装和封装等方面有广阔前景。

火力发电厂、核电厂、化工厂、民用建筑等用到各种各样微小管道，其安全使用需要定期检修。但由于窄小空间的限制，自动维修存在一定难度。仅以核电站为例，其中内径约20mm 的管道有许多根，停堆检查时工人劳动条件恶劣。因此微小管道内机器人化自动检查技术的研究与应用十分必要。

"细小工业管道机器人移动探测器集成系统"由上海大学研制，包含：20mm 内径的垂直排列工业管道

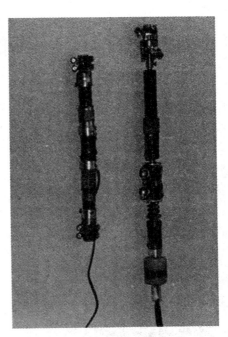

细小工业管道机器人移动探测系统

中的机器人机构和控制技术（包括螺旋轮移动机构、行星轮移动机构和压电片驱动移动机构等）、机器人管内位置检测技术、涡流检测和视频检测应用技

术，在此基础上构成管内自动探测机器人系统。该系统可实现 20mm 管道内裂纹和缺陷的移动探测。

无损伤医用微型机器人主要应用于人体内腔的疾病医疗。它可以大大减轻或消除目前临床上广泛使用的各类内窥镜、内注射器、内送药装置等医疗器械给患者带来的严重不适及痛苦。

由浙江大学研制的无损伤医用微型机器人具有三大特点：一是此种微型机器人能以悬浮方式进入人体内腔（如肠道、食道等），这样可避免对人体内腔有机组织造成损伤，从而可大大减轻或消除患者的不适与痛苦；二是此种微型机器人的运行速度快，而且速度控制方便，这样可缩短手术时间；三是此种微型机器人的结构简单，加工制造方便。目前，此种微型机器人样机已接近实用化程度。

军事中的机器人

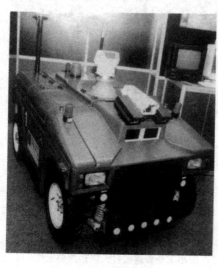

军用机器人

百年来，战争总是接连不断；当今世界，仍不太平，局部战争时有发生；在可见的未来，战争恐怕仍然不可避免。战争的目的是什么，早就有伟大的军事家做出了精辟的论断，那就是："保存自己，消灭敌人。"考察战争的历史，战争的敌对双方，无不在如何有效地"保存自己、消灭敌人"方面做文章。在"保存自己"方面，主要采取两种办法，一是防护措施，就是把己方人员和装备保护起来，包括个人的防护服装、头盔及伪装设施，集体的防御工事；在武器装备方面，也多采取伪装和高强度结构等办法。二是己方人员尽可能地远离作战现场，让敌方不易打着或根本打不到，这一点又与有效地消灭敌人相矛盾——己方远离敌方，同样也不容易消灭敌人了。在如何有效地"消灭敌人"方面，撇开人的谋略和勇敢因素外，主要靠武器的精良。过去的战争，总是人与人之间在有限范围内进行的，武器靠人直接操作，攻击的武器与防护设施一般也是分离的。如何使自己远离战事（或军事目标）现场，而又能最有效地完成克敌制胜的目的，这是各国一直在努力追求的。远距离带自动控制的杀伤武器，如各类导弹、隐身飞机等，就是在这种指导思想下相继出现的。但是，这些先进武器，在使用中有一定的局限性，因为军事任务是多样性的，最好能够有一种可以代替人的东西去执行任务，于是军用机器人就应运而生了。

近20年来，以美国为代表的一些军事大国，都在致力于军用机器人的发展，涵盖了陆、海、空、宇（外部空间）全方位立体空间，并且已经实际使用。

地面军用机器人

地面军用机器人就是在地面上使用的、可代替陆军战士执行任务的机器人系统。这种机器人一般应具有可移动性。所以，至今各国研制和使用的地面军用机器人，主要是智能型和遥控型无人驾驶车辆，包括自主车辆、半自主车辆和遥控车辆。自主车辆是依靠自身的智能自主导引躲避障碍物，独立完成有关战斗任务；半自主车辆则是在人的监视下自主行驶，当其遇到困难时，操作人员通过遥控进行调解；遥控车辆是其按照遥控人员发出的指令，使之去完成相关军事任务。地面军用机器人的行进方式，主要是车轮式和履带式两种，仿人形步行式军用机器人，尚处于研制阶段。

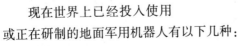

地面军用机器人

现在世界上已经投入使用或正在研制的地面军用机器人有以下几种：

（1）能代替士兵的排爆机器人和排雷（弹）机器人。

（2）能代替侦察兵的侦察机器人。

（3）能执行警卫工作的保安机器人。

（4）能在战场上代替步兵实施作战的战场机器人（或称步兵支援机器人）。

（5）地面微型军用机器人，这种只有昆虫大小的机器人，可以混入敌人的内部，进行侦察和破坏活动。

水下军用机器人

水下军用机器人，也叫无人潜水器。其实，这种机器人也可以作为民用，如进行海上资源勘探和开发。作为军事用途，主要有两种类型：

第一种是水下遥控机器人。这种机器人要在一舰艇（母舰）上发射，与母舰用缆绳连接，其缺点是航速慢、机动性差、准备时间较长，同时也限制了母舰的自由。

第二种是自治潜水器，又叫无缆潜水器。这种机器人因为自带电源，没有与母舰相连接的缆绳，自治能力强，克服了水下遥控机器人的缺点。

水下军用机器人主要用于各种水域中的探雷、扫雷、水下侦察、水下打捞和救护、深海勘探以及水下攻击等。

空中军用机器人

空中军用机器人实际上就是各种类型的无人驾驶飞机，简称无人机。无人机类型繁多，累计已有300多种，目前正在研制和服役的也多达200余种，其中美国发展最早、机种最多、技术水平最高。中国从20世纪60年代开始研制，现在已经具有相当的实力和水平。

无人机的大小和性能，根据其执行任务的不同，差别很大。例如，一般执行侦察任务的无人机，其尺寸和性能相当于有人驾驶的轻型或超轻型飞机。如美国的"先锋无人机"，其机身长4.26米，翼展5.15米，时速185千米/时，飞行高度为4 575米，可连续飞行7小时。若是战略侦察无人机，其尺寸要大一些，相当于大型有人驾驶飞机。

我国的无人机研制工作始于20世纪60年代，主要集中在几所航空院校和研究所，包括无人靶机和无人侦察机，并且早已投入了使用，效果十分明显。例如北京航空航天大学研制的"长虹"号高空无人侦察机，于1980年设计定型并生产和投入使用。西北工业大学研制和生产的低空无人机，南京航空航天大学研制和生产的高速靶机等，都取得了很好的经济效益和社会效益。

侦察机器人

在部分中小型无人机中，其本身一般没有起落架系统，它们起飞有的靠大型母机挂飞，到一定空域将其投放，然后靠自身的动力装置启动进入自主飞行；有的利用火箭助推装置，在发射架上进行发射，然后靠自身动力装置点火启动进入自主飞行。这类无人机执行完任务返回后，一般靠降落伞进行回收，有的用直升机回收。

在实际应用的有人驾驶飞机中，有固定翼和旋翼（直升机）两种飞机，无人机除此之外，还有一种扑翼机。据美国有线新闻网报道，加利福尼亚大学的生物学家和技术专家，最近研制成功名为"微型机械飞行虫"飞行器，它是通过研究昆虫和蜂雀飞行的空气动力学的原理研制而成。这种飞行器能像苍蝇那样，不停地拍打着薄翼的"翅膀"，快速飞行。

空间军用机器人

空间军用机器人包括空间武器和各类宇宙飞行器。所谓空间武器是指用于各种军事目的的人造地球卫星和从其轨道发射攻击地面目标和外层空间目标的武器。军用人造地球卫星主要任务是军事通信、导航、摄像与电子侦察、海洋监视、气象、导弹预警等；在卫星轨道上实施攻击的武器分为"轨道武器"和"截击卫星"两大类。"轨道武器"就是从地面发射入轨后待命，当接到攻击命令后，重入大气层实施地面攻击。"截击卫星"是自身带有攻击武器的卫星，可采取自身爆炸，也可采取激光、粒子束等方式攻击或破坏目标。

宇宙飞行器包括宇宙飞船、宇宙探测装置等，主要任务是对空间环境、天体进行观测和研究，希望找到可用于人类的资源与条件。为此，美国与苏联展开激烈的竞争，先是对月球，然后对火星、木星、金星、水星、土星以及更远的星球进行探测，发射了一系列宇宙飞行器。大家知道，这些星球距离地球很远，而发射宇宙飞行器，要使其脱离地球的引力，甚至还要摆脱太阳的引力，需要具备很高的速度。第一宇宙速度为 7.9 千米/秒，又叫环绕速度；第二宇宙速度为 11.2 千米/秒，在此速度飞行器可以挣脱地球的引力，

空间军用机器人

成抛物线轨道进入太阳系，所以又叫"逃逸速度"；第三宇宙速度为 16.6 千米/秒，超过这个速度，飞行器呈双曲线轨道，就可摆脱太阳的引力飞出太阳系。

例如火星距离地球 1.29 亿千米，无线电信号由火星传到地球需要 19 分 30 秒。1996 年 12 月 4 日，美国利用德尔塔 2 型运载火箭在肯尼迪航天中心发射了"火星探路者号"宇宙飞船，船内携带机器人"索杰纳"火星车，经过 7 个月的飞行，于 1997 年 7 月 4 日在火星表面着陆，"探路者"和"索杰纳"在火星上工作了 3 个多月，向地球传输了 500 多张照片、16 000 余幅图像和大量很有价值的科学数据。这种远距离、长时间飞行和在不可知的环境下工作，我们人类目前是无法胜任的。

知识点

排爆机器人

除了恐怖分子安放的炸弹外，在世界上许多战乱国家中，到处都散布着未爆炸的各种弹药。例如，海湾战争后的科威特，就像一座随时可能爆炸的

弹药库。在伊科边境一万多平方千米的地区内，有 16 个国家制造的 25 万颗地雷，85 万发炮弹，以及多国部队投下的布雷弹及子母弹的 2 500 万颗子弹，其中至少有 20% 没有爆炸。而且直到现在，在许多国家中甚至还残留有一次大战和二次大战中未爆炸的炸弹和地雷。因此，爆炸物处理机器人的需求量是很大的。排除爆炸物机器人有轮式的及履带式的，它们一般体积不大，转向灵活，便于在狭窄的地方工作，操作人员可以在几百米到几千米以外通过无线电或光缆控制其活动。机器人车上一般装有多台彩色 CCD 摄像机用来对爆炸物进行观察；一个多自由度机械手，用它的手爪或夹钳可将爆炸物的引信或雷管拧下来，并把爆炸物运走；车上还装有猎枪，利用激光指示器瞄准后，它可把爆炸物的定时装置及引爆装置击毁；有的机器人还装有高压水枪，可以切割爆炸物。

合格的服务员

人类社会发展的终极目的，就是不断提高人类自己的生活质量和水平，包括物质的和精神的。而物质财富和精神财富，要靠人们的劳动去创造。但是，每一个人的各种享受不可能完全靠自己"封闭"来实现。据考古学家考证，从距今 1.5 万年至五六千年的氏族公社时期，人类就有了分工，随着人类社会的发展与进步，分工越来越细，形成一个庞大的各司其职、互相关联、相互依存和服务的网络体系。在当今社会，这个网络已经国际化。具体每个人从事何种职业，是由多种因素决定的，虽然人们常讲工作有繁简之分，人无贵贱之别，但还是有些工作——主要是家庭服务和环境保

餐厅提供服务的机器人

洁工作等，往往不太受欢迎，特别是像日本等人口老龄化国家，服务性人员更是缺少，于是，一种服务机器人就产生了，并且得到迅速的发展。

机器人保姆

服务机器人分为专用服务机器人和家庭服务机器人两大类，前者是专供行业用的机器人，如医用机器人，有护士助手机器人，各类手术机器人、能进入人体内部（包括血管）进行检查和治疗的机器人等；又如清洁用机器人，包括对墙壁、玻璃窗清洗机器人，对汽车、飞机清洗机器人等；另外，还有汽车加油机器人、消防机器人等。

家庭服务机器人种类更多，有吸尘机器人、助残机器人、护理机器人、草坪整理机器人等。

机器人专家预测，今后10年，随着科学技术的发展，服务机器人的性能将会大大提高，而价格会大大下降，从而使之达到普及。

机器人的月宫之旅

在未讲航天机器人的故事之前，先说说大家最关心的问题：为什么要用航天机器人？

首先要说，人类早就幻想飞离地球，想到宇宙空间去探索和开发了。人们造出了飞机、人造卫星、航天飞机，人类开发宇宙空间能给自己带来极大的好处。最简单的例子，你现在可以看到当天，甚至是当时的在世界各地、距你很遥远地方所发生的真实事情的电视图像，这就有卫星转播的一份功劳。卫星还可转播传送远在天边的声音和数据。只举卫星这么一个例子，就可以看出，开发宇宙空间，对经济、技术、生产、生活会产生多么大的影响，会有多么大的效益。

接着，要说人直接去探索和开发宇宙，有很多困难。就拿消耗经费来说，一名航天员在太空飞行1小时要花几万美元。为了保证人在宇宙空间飞行安全，必须创造良好的飞行环境。

人最重要的是吃，航天员的食品需要准备100多种。若是长时间在太空逗留，对这些食品就吃腻了，所以每隔一段时间，还要特意发射运货飞机或飞船，给航天员送去新的食品，其中包括新鲜蔬菜和水果。航天员要穿航天服，这种衣服不但昂贵，而且穿在身上并不那么舒服。

航天员在太空飞行，大多数时间是在供航天员用的密封舱内。舱的大小只有几十立方米，长期在舱内生活是十分难熬的。航天员在太空中生活单调，工作繁重，还要承受失重的困扰。

为了使航天员能承受加速产生的"压力"（相当于人体重的6倍以上），为了使航天员在太空中能应付各种艰苦条件，在飞入太空前，要进行十分艰苦的训练，这些训练比起排球、篮球所谓的"残酷训练"、"超级地狱训练"，要艰苦不知多少倍！

航天员最怕的是出事故，因为一出事故，其结果就十分悲惨。1967年，美国"阿波罗7"号宇宙飞船，在肯尼迪发射场进行登月训练时，指令舱突然起火，3名航天员被活活烧死。

1971年5月，苏联"礼炮1"号空间站上的3名航天员在太空中生活了24天，乘"联盟11"号飞船返回地球途中，飞船气压阀意外开启，密封舱内空气全部漏光，航天员在距大气层160千米处因缺氧而死亡。1986年，美国航天飞机"挑战者"号第11次飞行时，升空73秒后爆炸，7名航天员全部遇难。航天员到舱外行走，会受到强烈的辐射，温度有时极高，有时极低，即使穿航天服，对人来说，环境条件也是十分有害的。航天员还会得"太空病"。

用机器人作探索开发宇宙的先锋，有很多优越之处：机器人当航天员，不用穿航天服，不需要吃喝，也不必去受训练；机器人当航天员，没有七情六欲，不会想家，不会感到孤独寂寞，可以长时间在太空中工作，也不会得"太空病"；用机器人当宇航员，工作效率比人高，将来的机器人对环境的反应、对信息的搜集、处理问题的能力等方面，可能与人差不太多。但是机器人可以黑天白日连续工作，不用休息。这样，一个机器人可顶3个人工作。

过去，机器人在探索宇宙中已作出了很多贡献，充分说明了机器人能承担起探索、开发宇宙的重担。

美国在实行"阿波罗计划"，也就是实现载人登月飞行和实行人类对月球实地考察时，派机器人先到月球上打过"前站"，让机器人先到月球上探探虚实。

1967 年，美国的"探测者3"号，经过几十万千米的长途飞行，终于风尘仆仆地降落在月球表面上。这里是寂寞而荒凉的地方，白天温度可达140℃，夜间达到零下140℃。这个机器人用 3 条腿支撑在月球表面上。它的背上有照相机、电视摄像机、无线电收发装置、各种探测仪器和分析仪器。它的头上有个抛物面天线。它还有一个手臂，长 1.5 米，可以伸缩和转动。手臂前端有 1 个手爪子，它能把月球表面的尘埃铲起来，放到仪器中进行分析化验，研究月球表面的硬度，并把结果向地球上的科学家报告，说明月球表面是可以承受一艘登月艇的重量和"软着陆"的压力的。

1969 年 7 月 21 日，美国航天员阿姆斯特朗和阿尔德林，第一次登上了月球表面，实现了人类探月宫的愿望。

1970 年 11 月 17 日，苏联发射了"月球 17"号飞船，飞船上带了一个叫做"月球无人探测器1"号的装置。它的外形像一个带盖的大盆，体重756 千克，身长 3.2 米，宽 1.6 米，用摄像机当自己的"眼睛"。人在远离月球 38 万千米的地球上的指挥中心里发号施令，通过无线电波指挥这台机器人移动和拐弯，以及完成其他动作。机器人用轮子在月球上跑来跑去。

它在月球上一共干了 11 个月，拍摄了 200 多张全景照片，20 000 多张局部照片，并在 500 个地点进行了地层物理机械性能研究，为研究月球立下了汗马功劳。

在人类探测月宫的伟大创举中，无人行星探测器用自己的行动表明：人类探测和开发宇宙，是离不开无人行星探测器的，它是人类向宇宙进军的金属伙伴和可靠的先锋。

古时候，人们想象月球上有参天的桂树、有可爱的玉兔、有勤劳的捣药人。20 世纪 60 年代末期，人类和机器人终于登上了月球，解开了月宫之谜：月球是一个无生物、很荒凉的地方。

但是，有的科学家设想，应开发月球，把月球建成一个基地，从月球上发射各种航天器就很容易了，因为月球上的引力只有地球上的1/6。

开发月球还有许多重要意义。可以把月球建设成地球外的一个工业基地。月球表面的土壤和岩石中含有氧和氢，以及其他许多元素。在月球上建立工厂，提炼出氧和氢，制成氧气和用氧和氢合成的水，供人使用。氧和氢还可以作航天器的推进剂，比由地球运来的要便宜一半。月球上有大量的氦－3，这是核发电站使用的一种燃料，用月球上氦－3发出的电，可供地球上的人类使用几万年。

世界各国又掀起了开发月球热。美国航天局提出一项超前的计划，耗资1 000亿美元，打算在2010年左右，在月球上建立一个可住100人的基地。它外形像个圆筒，做成轮状，直径1～2千米，里面有山脉、河流、湖泊、森林、草原，并有很多生物，是一个自给自足的封闭的生态系统。

日本打算将来也在月球上建立一个基地，基地里有航天港、发电站和居民，并且要开发运送物资和人员的航天飞行器、卫星通信系统和支援系统等。在90年代初，一次东京车展中，日本为勘探月球高纬度地带设计的月球车公开露面了，这是准备在2000年到月球使用的。它有操纵臂，能搜索月球表面。它虽然是遥控的，但也有自动驾驶操纵程序。当与地球失去联系时，它能自己识别周围地形，分析地形，确定自身位置，控制自己的行动。日本一家公司有一个"2050年月球城计划"，计划在月球表面建立一个巨大的人造气罩，里面自然环境和地球上一样，并且还有一个300米的塔，供人上去观看地球的景色。

欧洲空间局在瑞士比登堡开会宣布：几十年内向月球移民。在月球上装一个望远镜，其分辨能力是"哈勃"空间望远镜的10万倍以上。"哈勃"空间望远镜是一座结构复杂、设备先进的空间天文台，它的分辨能力比地面上最好的望远镜还高9倍。它能观测到29等暗弱天体，相当于能看到500千米外的一支烛光。"哈勃"空间望远镜价值15亿美元。在月球上将来装的这种望远镜，可以看清地球上硬币是正面还是反面。

在距地球最远一面的月球表面，由于岩石的遮掩，这里没有受到来自地球无线电波的污染，在这里装上"射电望远镜"，可以比地球上任何仪器都能更详细地对宇宙进行观察。

开发月球是离不开机器人的。21世纪初，是开发月球的第一阶段，主要

是用机器人以及一些探测仪器调查月球的地形，画出月球资源分布图，为月球基地选地址。之后，就进入人员入驻月球的阶段，先是少数人入驻月球，由地球把氧气、食物、水和生活用品、建筑材料送到月球，用机器人进行采集、测量矿物，还要进行建筑。工作人员陆续增加，在月球居住时间也可以延长，人和机器人开始制造氧气、提炼水、冶炼金属，甚至把月球上的资源送回地球。当地球人在月球上永久居住下来时，要建设农场、工厂、生活区，其中有别墅、花园、山谷、河流、湖泊、高原、学校、娱乐场所，干这些活，主力军仍是机器人。月球的表面是灰白色，

日本计划中的登月机器人

到处是大大小小的环形山，还有密密麻麻的坑穴。机器人在这样的地面上忙碌着。有的机器人挖掘矿石；有的机器人把矿石运到冶炼炉边，进行冶炼；有的机器人在工厂里制造机器人；有的机器人在修理或装配着航天飞行器……

机器人在太空中，能为人干许许多多的活，它是人类开发宇宙太空的有力助手。

前不久科学家得到充分证据说明，月球下有冰冻的水，这更提高了人类对月球开发的兴趣。

知识点

阿波罗计划

阿波罗计划又称阿波罗工程，是美国从1961年到1972年从事的一系列载人登月飞行任务。它是世界航天史上具有划时代意义的一项成就。工程开始于1961年5月，至1972年12月第6次登月成功结束，历时约11年，耗资

255 亿美元。在工程高峰时期，参加工程的有 2 万家企业、200 多所大学和 80 多个科研机构，总人数超过 30 万人。

火星的另类访客

火星，是地球的小兄弟，距地球最近时有 5 500 万千米。人们用肉眼可看到它的表面是一个棕红色圆球。用望远镜观察发现，它的表面有大气层包围着，色彩像地球一样有变化，火星上也有四季变化。人们就猜想火星上可能和我们地球一样有高级生物。于是许多幻想小说家就写了不少关于火星人的小说。火星上到底有没有生命呢？

1971 年，苏联发射了"火星2"号探测器，登上了火星。1975 年美国发射了"海盗1"号探测器，飞行了 10 个多月后在火星表面的"黄金平原"上着陆，后来又有"海盗2"号在火星的"乌邦平原"上着陆。机器人在火星上采集岩石标本，进行化验，并把结果送回地球，同时也发回了很多照片。不少科学家分析推断，在火星上根本就没有什么"火星人"，也不大可能有生命存在。火星上只有沙丘、岩石和火山口，是夏季酷热、冬季严寒、气候干燥的地方，不但没有水，甚至大气也基本消失了。但是，也有科学家说，火星上确有生物存在。从图片上看到火星上有纵横交错的运河，河里还挤满了鱼类；而且还说，美国人在"海盗"号登上火星后就知道火星上面有人工水道和海洋生物，只不过把这件事隐瞒下来了。苏联也同样知情，秘而不宣。有的科学家用计算机对火星图片分析后说，火星表面有类似地球人类的"人面像"，宽有 3 千米。这是一个待解之谜。

1992 年 9 月 25 日，美国又发射了"火星观察者"探测器，目的是进一步探测火星有无原始生命现象，以便为向火星移民做准备，但"火星观察者"探测器一去之后就失踪了。

人要到火星去一次，至少要花 1 年半至 3 年时间。载人飞船必须设计得十分安全可靠，要保护人不受各种有害物质辐射，要保护人不得"太空病"。若飞船重超 4 吨，就很难一下子从地球飞向火星。

在没有把人送上火星之前，人类要先做许多准备工作。俄罗斯计划先向

火星表面派一个汽车型的"太空机器人",称为"流浪汉",它有 6 个很大的
轮子,由电脑控制行驶,电脑能根据情况选出最好的方案。美国征服火星的
太空小组的计划是先向火星表面派出一个机器人。它有两只手臂,可以采集
火星表面的岩石和尘粉的标本。它身上的电视摄像机拍摄火星上的各种景象。
它有多只脚,像尺蠖一样向前移动:前面 3 只脚支在地面上,再升起剩下的 4
只脚,向前移动。

经过一段时间的准备之后,美国又开始了发射火星无人探测器。

1996 年 12 月 4 日,美国发射了一艘"探路者"火星探测飞船。7 个月后
的 1997 年 7 月 4 日,这艘飞船终于在火星北半球阿瑞斯谷地软着陆成功。这
一软着陆过程完全显示了高水平自动化技术的作用。

"探路者"以每秒 7 千米的速度进行惯性飞行,接近火星。在着陆前 4 分
钟,以 14 度的角度进入火星的大气层,进入第一阶段减速。当"探路者"距
火星表面还有 10 千米时,自动打开降落伞,进行第二阶段减速。20 秒钟之
后,飞行舱下侧的耐热护罩与"探路者"分离,由降落伞自动地用一条长

探测火星的机器人

39.5 米的缆绳吊着探测器下
降。当它下降到距火星表面
300 米时,一个气囊自动地把
探测器包住并充满气体膨胀,
以便缓解着陆时的冲击力。缆
绳与探测器分离,探测器着陆
成功。上述着陆过程都是自动
完成的。

"探路者"探测器在火星
表面着陆之后,张开太阳能电
池板,伸出天线,启动摄影及
其他仪器进行工作。在着陆 6

小时后,探测器向地球发出信号,着陆时火星表面温度为 – 53.3℃,重力约
为地球的 1/3 左右。

在"探路者"探测器着陆之后,探测器的三枚叶片打开,从里面开
出一辆有智能的火星探测车,叫索杰纳火星漫游车,它有 6 个轮子,还带

有很多仪器和传感器。由仪器传感器测得的数据送给车上的电脑，电脑产生控制信号，控制电机使轮子转向，或者向前行驶。车上的激光探测仪及摄像机能够自主地判断道路上是否有障碍物，并由电脑作出决定，如何行动。

漫游车上的仪器，能拍摄火星岩石的照片，并有一台 a 质子 X 射线分光仪，可以分析火星岩石和土壤中的元素成分。小车摄像机拍摄的图像都送回到地球上的指挥中心，地面上的控制人员可以看到小车周围的地形，由电脑可以算出障碍的高度，小车是否可以越过去，并给予小车一定指令。漫游者是受遥控的，但它也有自主行动能力，所以是智能式无人探测车。

美国为这次探测发射"探路者"耗资 1.25 亿美元。"探路者"软着陆，以及火星漫游车进行探测，都取得了极大的成功。但是，1998 年 3 月 10 日，"探路者"与地球指挥控制中心完全失去了联系，也就是说，它在火星上工作250 天后，就"失踪"了。

火星上是否有生命还是一个谜。美国太空总署曾公布火星陨石上有生命痕迹，引起了争论。美国及世界某些国家对探测火星是很积极的，计划在 21世纪，派人登上火星，以便弄清火星上到底有生命没有。并且计划在 21 世纪30 年代或 40 年代，在火星上建立永久基地。在火星上想法把它温度升高，预计到那时，使火星上平均温度升高到 0℃。届时，火星上将会有树木植物生长出来，可以有几十万人居住在火星上。当然这些都是设想，真正实施起来，还有很多困难，特别是火星距地球太远，航天员到火星去，除工作时间外，来回飞行需 18 个月。所以探测火星，开发火星，将来同样是少不了无人探测器的。

逃逸速度

在星球表面垂直向上射出一物体，若初速度小于某一值，该物体将仅上升一段距离，之后由星球引力产生的加速度将最终使其下落。若初速度达到某一值，该物体将完全逃脱星球的引力束缚而飞出该星球。需要使物体刚刚好逃脱星球引力的这一速度叫逃逸速度，是天体表面上物体摆脱该天体万有

引力的束缚飞向宇宙空间所需的最小速度。例如，地球的逃逸速度为
11.2 千米/秒。

逗你玩的娱乐机器人

风靡日本的机器人相扑赛

相扑运动是深受日本民众喜爱的一种体育运动，比赛的优胜者享有极高的荣誉，其颁奖仪式尤为引人注目。虽然该仪式仅为冠军颁奖，但由于冠军不仅要接过冠军奖杯，还要领取日本政府、社会团体和一些国家领使馆颁发的多种奖品和奖杯，所以要有多名助手协助领奖，从而出现排队领奖的独特景观。奖杯与其他运动的奖杯也不相同，是又大又重的巨型奖杯，这给颁奖者出了一个不大不小的难题，不得不抬到台上来，但这对这些大力士来说却是小菜一碟。

正是出于对相扑运动的喜爱，日本于 1990 年 3 月举行了第一届机器人相扑大会，大会举办得相当成功，于是同年 12 月又举行了第二届机器人相扑大会。自次年起，机器人相扑大会定于每年的 12 月举行。

机器人相扑比赛的规则要求机器人的长和宽不得超过 20 厘米，重量不得超过 3 千克，对机器人的身高没有要求。机器人的比赛场地是高 5 厘米、直径为 154 厘米的圆形台面。台面上铺设黑色的硬质橡胶，硬质橡胶的边缘处涂有 5

机器人相扑大赛

厘米宽的白线。这种以黑白两色构成边界线的比赛场地便于相扑机器人利用低成本的光电传感器进行边界识别。相扑机器人使用的传感器有超声波传感

器、触觉传感器等，成本也都不高。正是由于费用不太高，所以发展很快，到1993的第4届参赛机器人已超过1 000台。由于竞技过程是双方机器人"身体"的直接较量，气氛紧张，比赛激烈。

机器人相扑比赛的规则比较宽松，给参赛者留有较大的发挥空间。比如，为了防止被对手推下赛台，有的相扑机器人采用了必要时可将自己的底部吸附在比赛场地的方法，并靠这种策略多次赢得了胜利。

活灵活现的机器人动物园

看过恐龙博览会的朋友一定还记得这样一个场景：在忽明忽暗的灯光下，伴随着阵阵恐怖的吼叫声，一只只恐龙或立或卧，脑袋、肢体在不停地做动作，活灵活现，惟妙惟肖，犹如恐龙再世。

有人把这种机电一体化产品称为机器人，也有人认为它不应叫机器人，应该叫电子动物，因为它们只是按固定程序重复动作，没有或极少与外界交流的传感器。在本书中我们姑且将这种电子动物也叫机器人。

机器人动物的发展历史很短，只有十几年。最

机器昆虫

早的机器人动物是迪斯尼公司和犹他大学合作研制的。这些机器人一经展出，立即引起轰动，受到了公众的热烈欢迎。时至今日，世界各地许多不同主题的公园、娱乐场所甚至博物馆里，到处都有机器人动物的身影。北京也举办过恐龙展览会，同样吸引了大批的观众。在北京古脊椎动物研究所曾展出由北京东方机器人公司研制的机械恐龙，这些恐龙也非常逼真。随着计算机技术、传感器技术、人工智能技术等相关技术的发展，机器人动物将会更加动人。

1997年5月7日，SGI计算机公司和《时代》周刊共同宣布对一项名为

"机器人动物园"的全美巡回展览活动进行资助。该项活动由BBH公司承办，在全美有名的科技博物馆和动物园里展览。

"欢迎来到机器人动物园，在这里你可以与迷人的变色龙、可怕的乌贼、凶猛的犀牛以及一些奇异的动物一起体验冒险的滋味，你不但会玩得开心，而且可以体验高技术的魅力，学到许多有用的知识。"这就是机器人动物园的宣传词。

目前机器人动物园共有8种机器人动物：蝙蝠、变色龙、长颈鹿、蝗虫、苍蝇、鸭嘴兽、犀牛和乌贼。这些动物的大脑是计算机，耳朵是极度灵敏的声呐。另外，孩子们还可以利用交互式的计算机平台，走到"自然"中去。例如，孩子们使用联网的工作站上的绘画程序，用鼠标控制不同的变量，创建不同的变色模式。孩子们把数据传给控制计算机后，在机器人变色龙身后的大屏幕就会显示该颜色，这时机器人变色龙会迅速改变皮肤颜色以适应屏幕的颜色，就像真正的变色龙适应环境一样。

以假乱真的"帕瓦罗蒂"

几年前，美国特种机器人协会曾举办了一场别开生面的音乐会，演唱者是世界男高音之王"帕瓦罗蒂"，这位"帕瓦罗蒂"并不是意大利著名的歌唱家帕瓦罗蒂，而是美国依阿华州州立大学研制的机器人歌手"帕瓦罗蒂"。这场音乐会实际上是一场机器人验收会。听众席上不仅有机器人领域的专家，更有不少音乐家以及众多慕名而来的听众。

演出开始，"帕瓦罗蒂"身着他习惯穿的黑白相间的礼服，大大方方地走上舞台，手里还拿着"他"演唱时喜欢挥舞的白手绢。当"他"放声高歌时，不仅唱出了两个8度以上的高音，而且被歌唱家们视为畏途的高音C"他"也能唱得清脆圆润而且具有"穿透力"。不仅听众们一个个目瞪口呆，就连那些闭目聆听的音乐家们也惊呼道："这不就是高音C王帕瓦罗蒂吗？"

演唱完毕，应听众的要求和提问，"帕瓦罗蒂"还作了自我介绍和回答提问。机器人歌手的回答诙谐幽默，妙语连珠。"他"的语调声音、用词造句与帕瓦罗蒂如出一人。

演唱结束后，"帕瓦罗蒂"还为"他"的崇拜者们签名留念，当一位崇拜者递上一张帕瓦罗蒂的照片时，"帕瓦罗蒂"习惯地在照片的左上角一丝不苟地写下了"他"的大名"Pavarotti"，其笔迹与真帕瓦罗蒂的笔迹丝毫不差。

整个演唱会掀起了波澜。在记者们紧追不舍地逼问下，研制专家们透露了一些内部信息：他们的机器人歌手之所以表演得如此逼真，是因为他们事先成功地获得了帕瓦罗蒂演唱时胸腔、颅腔和腹腔内空气振动的频率、波长、压力及空气的流量等数据，再用先进的电脑系统进行"最逼真的模拟"，然后再进行仿制。

特种机器人协会的专家阿姆斯特朗特地上台对演唱的成功表示祝贺。他说："目前世界上娱乐机器人的水平仅能仿制人的体型外貌，能在手脚的动作及面部表情上有'拙劣的模仿就不错了'。而眼前的'帕瓦罗蒂'能取得如此优异的成绩，确实是向前迈进了一大步。近年来，全球商业性娱乐机器人正以每年35%的惊人速度递增。将来在大商场中由机器人导购售货将司空见惯，人们对机器人登台演出也将习以为常，因此依阿华大学的这次成功意义深远。"

好看好玩的机器小狗

1999年6月，日本索尼公司宣布，将在日本和美国限量销售索尼公司研制的娱乐机器人——机器小狗"爱宝"。首次投放市场的是5 000台限量版的ERS－110型"爱宝"，其中在日本投放3 000台，在美国投放2 000台。人们对"爱宝"的热情出乎商家的预料，在日本投放的3 000台"爱宝"在20分钟内就宣布售罄，在美国投放的2 000台也在4天内售完。为了满足消费者的需求，索尼公司于1999年11月决定在日本、美国和欧洲的部分国家再投放10 000台特定版的ERS－111型"爱宝"机器小狗。

机器狗

"爱宝"首次在公开场合露面是在1997年日本举行的国际机器人展览会上，当时就引起了观众极大的兴趣。

由于当时索尼公司只生产了几个样品，不对外销售，致使很多观众非常失望。"爱宝"之所以受欢迎，不仅在于它有漂亮的外观，而且与真狗十分相近。

"爱宝"有6种不同的情感状态：喜、怒、哀、惊、惧和怨。机器小狗的情感变化可以由各种原因引起，也可以相互影响。"爱宝"的6种感情状态呈现给人一个丰富多彩的感情世界。

"爱宝"有4个不同的本能：爱、寻找、运动和饥饿（充电），这些本能构成了它的一些基本行为。

"爱宝"也像幼童一样有学习期、成长期和成就期。在学习期它可以经过人的辅导培养本领和性格；在成长期可以了解周围世界，观察和倾听各种事情，积累经验；在成年期则具有丰富的情感、自主的本能和与主人进行交流。

一般来说，要想将一个蹒跚学步的"爱宝"养成一个成年机器人需要几个月的时间。但是，"爱宝"成长的速度变化很大，这主要取决于它与人的接触方式和它的生活环境。

婴儿时期：在这一阶段，"爱宝"对外界充满了好奇，但它行走还不稳定。

儿童时期：在这一时期"爱宝"开始接触各种新东西。

青年时期：这是"爱宝"最难驾驭的时期。

成年时期：最后"爱宝"变成一个成熟的机器人。

为了使"爱宝"与人共处，给"爱宝"设计了4条腿，就像狗或猫一样，成为人类的伙伴。"爱宝"有18个电机，也称为18个自由度，这使得爱宝不仅能走动，而且能完成坐、伸展等动作，摔倒后还可以站起来、可以用腹部爬行，还可以像真的小狗一样玩耍。

"爱宝"的传感器与人的感知器官相对应，用于感知周边环境和与人交流。"爱宝"的头上有触觉传感器，你可以轻轻拍一拍它，表示友好。"爱宝"利用两个麦克风聆听周围的声音，在遥控模式下可以通过声音对它下命令。

"爱宝"之所以如此受欢迎，一方面是因为"爱宝"作为高科技的象征，它具有了部分智能，而这种智能正是人们所渴望得到的。就像"深蓝"下棋一样，有很多不会下棋的人也对它表示了格外的关注，因为很多人更关心、更想了解的是人工智能到底发展到了什么程度，会对人们的生活造成什么样的影响。另一方面，人们对"爱宝"的喜爱可能来源于对狗或其他宠物的喜爱。但养过宠物的人都知道，有些宠物在带给人欢乐的同时，也带给人不少的烦恼，不仅要打预防针，而且会对家庭的环境造成污染。

"爱宝"的出现给我们带来了这样一种可能性，那就是养一个机器宠物，它不仅可以陪你玩，和你一起度过休闲时光，还可以作为"保安"，似乎可以"一机多能"。

海尔机器人公司推出了一种机器狗，它可以摇头摆尾，眼睛发光，"唱"几首流行歌曲。这种新"家电"产品不久将走上市场。可以预料，我国企业自产的更可爱的机器宠物：狗、猫、鱼、鸟，能开能闭、能变色、有香味的花，及你喜欢的其他小玩意儿，将可能成为你生活中的"伴侣"。

韩国某网络公司最近制造出一对老鼠形状的"数字机器人"，它们会区分黑白、辨别物体、理解声音。这种机器人也能生长并具有个性，甚至可以与异性约会。人们可以从网上下载有关软件来调动机器人的行为，如让它唱歌、玩游戏、与主人表示友好等。

惟妙惟肖的机器人"演奏家"

上海交通大学机器人所最近培育了一位"长笛演奏家"，只见它用 10 个金属手指灵活地按动发音孔，吹出一曲悠扬的《春江花月夜》。除了模拟手指，这位"演奏家"还有一个人工肺，吸气、吐气都受过"专门训练"，音域圆润而宽广。

"小提琴"机器人

寓教于乐的"能力风暴"

"能力风暴"个人机器人（大学版）是上海广茂达公司专为培养在校学生动手能力、创造力和协作能力而推出的开放式机器人平台。"能力风暴"个人机器人融合了现代工业设计、机械、电子、传感器、计算机和人工智能等

诸多领域的先进技术，学生可以通过使用"能力风暴"个人机器人接触到多方面的知识和技术。

"能力风暴"个人机器人是一个开放性的机器人平台，通过添加其他工具和部件可以完成多种工作。利用能力风暴个人机器人可以在学生中组织机器人灭火比赛、机器人踢足球比赛、火星探险比赛等。通过比赛可以激发学生强烈的兴趣和好胜心，有利于调动学生的潜能。

为了推动我国机器人事业的发展，提高学生的动手能力，上海广茂达公司于2000年10月22日至23日在湖南长沙举行了首届全国机器人灭火比赛。有来自全国各地的初级组（中学组）和高级组（大学组）40余支队参加了比赛。

比赛规则完全采用国际比赛规则，模仿生活中的消防队员灭火，让机器人在4间平面结构的模型房间里自主地寻找任意放置的蜡烛，并设法熄灭蜡烛，然后回到出发点。每个队都要尽量快地完成这个过程，以用时少者为胜。比赛竞争激烈，每个机器人都显示出不同凡响，各有高招：有的靠碰触墙壁来"感觉"行进路线；有的"摆摆头"就能知道方向；有的在房间门口"一站"就知道里面有没有火源；有的跑来跑去，快接近蜡烛了才能发现。不过也各有各的缺陷，有的机器人总绕着一个路线不停地转，有的机器人总也找不到目标，有的迅速找到了目标，却总开不了风扇灭火。

参赛队员普遍接触"能力风暴"的时间都不长，他们的任务主要是基于"能力风暴"这个硬件平台的软件编程。这就要求选手要精通计算机硬件、软件、传感器等高新技术知识，这是一个努力学习、不断探索、反复实践的过程，充分发挥了同学们的动手能力、想象力和创造能力。

能表达感情的宠物机器人

东京电子通信大学机械控制工程系研制开发出了一种能表达简单情感的宠物机器人。这种机器人的前肢、耳朵和嘴巴都可以用来表达情感，例如高兴、愤怒和吃惊等。各种年龄组的人都能很容易地从机器人的动作中理解它要表达的情感。

当与环境相适应的机器人能感知、明白人要求它做什么，并且能对此做出反应，如果这时人能够识别这些反应，就在人和机器人之间建立了相互了解情感和进行交流的可能性，通过引入具有情感的机器人，在人与机器人之间进行意向交流将成为可能，在机器人环境中也将会使生活变得更加愉快。

该机器人的形状像一只呢绒玩具狗，携带很方便，它的腿、耳朵、脖子、嘴和尾巴都能活动。腿、脖子和耳朵都能向四个方向活动，嘴和尾巴能向两个方向活动。为了能和人保持一种亲和关系，这种机器人采用了无线形式并装有两个触摸传感器，通过触摸的方式与人进行通信，将人的要求传递给机器人。在这种机器人的眼睛和头顶还装有音响报警灯，能表达许多其他的情感。

可以为这种机器人编程，使它可以表达出 8 种不同的感情，比如高兴、愤怒、吃惊、悲伤、同意、拒绝、叫喊和表示遇到紧急情况。高兴时，机器人就能摇动它的腿；愤怒时，它的眼灯就会发亮，身体颤抖。实验表明，10～20 多岁的人绝大多数能辨别出机器人的这些情感。辨别高兴时情感的准确率为 89%，辨别愤怒情感的准确率为 79%，叫喊的为 67%。因此，所有年龄组的人都能正确地理解至少 2/3 的机器人的情感。

书法机器人

到目前为止，中国书法艺术的传播、继承与发展主要是通过对前人的笔迹（通常为碑帖）进行学习和模仿来实现。在这种学习和模仿的过程中，面对相同的临摹对象，由于书写水平的高低往往因人而异，因此，临摹出来的效果也不一样。

通过分析可以发现，不同字体（如楷书、行楷及魏碑等）的书写技巧都有其固有的规律性可供遵循。在数字化技术飞速发展的今天，完全可以对书法的书写技巧进行适当的数字化处理，将中国古老的书法艺术与能够集中体现现代高新技术的机电一体化产品——机器人完美地结合起来，利用机器人控制毛笔的空间运动，从而实现机器人书写中国书法。

已经研制出来的一种书法机器人系统主要由以下部分组成：（1）机器人本体；（2）机器人控制器；（3）型号不同的毛笔若干支，连续打印纸，墨汁，印泥和印章等附件；（4）上纸和切纸机构；（5）机器人书写平台；（6）电源。

这种书法机器人系统的计算机采用了 Windows 98 操作系统，主要是利用

其易用性，方便普通用户或参观者对机器人进行操作。此外，根据系统的需要，编制了大量基于 VB、VC、PEWIN 和 EXCEL 的应用软件。

这种书法机器人系统具有一个十分友好的、用 VB 来实现的用户界面，以便参观者，特别是中小学生参观者能够顺利地进入和操作该书写系统。该用户界面不但很清晰，同时还有语音提示。

对于书法机器人系统来说，书法字库的建立是一项十分关键的软件工作，它直接影响着机器人书写的质量。中国的常用汉字有 10 000 余个，在建立字库时，不可能对每一个字，每一个字体单独编程，那样的话既浪费时间，又浪费人力，也是极不现实的。

为此，研究人员首先对汉字的构架进行分析和分类，将常用汉字拆分为基本笔画和基本部首，然后对每一个具体的笔画，针对不同的字体风格，编写具有标准尺寸的机器人书写笔画程序，并作为一个笔画类模块或子程序存储。该笔画类模块或子程序留有调节字体大小的参数或成员函数，以便根据不同的尺寸要求自动进行缩放。

其次，对某一字体的常用部首，根据已经编写的相应笔画程序，构建成一个个独立的部首类模块或子程序，以方便对整字的后续编程。同样，部首类模块或子程序也有调节字体大小的成员函数或参数。

最后，针对某一字体中的某一具体的汉字，通过调用已经编制完成的相应的笔画和部首类模块或子程序可以构建出该字，该字的大小仍由成员函数或参数来调整。

通过这样的编程，既可以大大减少编程的工作量，又具有组字的灵活性。若要添加新字，只需要用已知的笔画和部首进行适当的组装即可。

书法机器人系统的工作流程及功能如下：

书法机器人系统启动后，参观者在语音的提示下，通过电脑屏幕选择要求机器人书写的内容（该内容必须是机器人书写字库中的文字）。此时，参观者可以选择不同的文字或者诗句，同一个文字又可以选择不同的字体，如楷书、隶书、草书等。

按下"确定"后，机器人根据参观者所选择的书写字数的多少，自动确定字体的大小和版式（横排或竖排），以便能够完整、合理和美观地书写所选文字。然后，机器人根据字体的大小从笔架上选取相应型号的毛笔，并沾上墨，润笔。

同时，上纸输送系统自动上纸，将空白纸输送到书写位置。然后，机器人模仿人的书写方法开始书写。在书写过程中的适当时候，机器人能够自动完成润笔等动作。

书写完成后，机器人收笔并将毛笔放回毛笔架上，然后抓取印章，为所书作品盖章。上纸输送系统自动走纸，烘干墨迹，切纸，并将作品从出纸口送出。机器人在表演的整个过程中均为自动运行，无需其他人员的介入。

鱼形机器人

鱼类仅靠扭动身体，便能在水中悠闲地游来游去，而人类制造的轮船则不得不依靠螺旋桨才能前进。能不能尝试着用另外一种方法，让轮船像鱼一样在水中忽东忽西、自由自在呢？北京航空航天大学机器人研究所研发一条长0.8米的机器鱼（Robofish），作为一项全新的仿生学研究成果，它顺利实现了不用螺旋桨的设想。

鱼体是一个平面6关节机构（有6节鱼身），包括鱼头和鱼尾两个部分。鱼头是利用玻璃钢制作的，仿造鲨鱼外形的壳体。整个鱼的动力电池，控制接收部分都放在鱼头里。鱼尾的6个伺服电机扭转摆动作为推动器。这种机器鱼与日本推出的宠物机器鱼并不相同，宠物机器鱼依靠的是内置太阳能电池和马达作为推进器。

据该项目的设计者与主持人梁建宏介绍，机器鱼重800克，在水中最大速度为每秒0.6米，能耗效率为70%至90%，控制上采取的是计算机遥控的方式。在各种演示游动的场合中，机器鱼以其逼真的游动形态，吸引了很多人前来围观，许多人都误以为这是一条真鱼。

该项成果自从1999年大学生"挑战杯"拿到一等奖以后，研究一直没有中断，目前该研究小组正在抓紧研究如何使机器鱼更具智能化，以便让多条机器鱼组成群体进行自我协调游动，时而像大雁一样排成"一"字形，时而排成"人"形，预计不久将来可以见到成果。这种能畅游在水中的机器鱼，将被广泛应用于海洋资源勘探、执行军事任务和帮助维护海上石油设施等领域，在军事和民用方面都有着广阔的应用前景。

最高级的玩具机器人

1998 年 1 月，丹麦玩具公司首次制成了智能塑料积木"风暴"。该积木能摆成各种"智能"机器人，通过家庭计算机的控制，这种机器人就会开始"思考"。该机器人是美国马萨诸塞州麻省理工学院的帕佩雷特教授历经 10 余载研制而成的，积木里面装有微芯片和传感器。

各色机器人面面观
GESE JIQIREN MIANMIANGUAN

就像科幻小说中一样，人们对机器人充满了幻想。也许正是由于机器人定义的模糊，才给了人们充分的想象和创造空间，似乎不管在什么领域，机器人总是能找到它存在的意义，这就为科学家们提供了无数的灵感，形形色色的机器人就此诞生了。

机器人专家从应用环境出发，将机器人分为两大类，即工业机器人和特种机器人。所谓工业机器人就是面向工业领域的多关节机械手或多自由度机器人。而特种机器人则是除工业机器人之外的、用于非制造业并服务于人类的各种先进机器人，包括服务机器人、水下机器人、娱乐机器人、军用机器人、农业机器人、机器人化机器等。在特种机器人中，有些分支发展很快，有独立成体系的趋势，如服务机器人、水下机器人、军用机器人、微操作机器人等。目前，国际上的机器人学者，从应用环境出发将机器人也分为两类：制造环境下的工业机器人和非制造环境下的服务与仿人型机器人。

农林蓄养机器人

由于机械化、自动化程度比较落后，"面朝黄土背朝天，一年四季不得闲"曾经是我国农民的象征。我国是一个农业大国，80%的人口是农民，人均土地面积非常少，所以农业机械化、自动化的需求似乎不像发达国家那么迫切。

在日本、美国等发达国家，农业人口较少，随着农业生产的规模化、多样化、精确化，劳动力不足的现象越来越明显。许多作业项目如蔬菜、水果的挑选与采摘、蔬菜的嫁接等都是劳动力密集型的工作，再加上时令的要求，劳动力问题很难解决。正是基于这种情况，农林业机器人应运而生。使用机器人有很多好处，比如可以提高劳动生产率，解决劳动力的不足；改善农业的生产环境，防止农药、化肥等对人体的伤害；提高作业质量等。随着信息化时代的到来和设施农业、精确农业的出现，一向被视为落后的农业生产方式也必将乘上现代化的快车。而农业的新发展尤其离不开生物工程与信息工程，在这方面，机器人具有得天独厚的能力。

农业拖拉机机器人

在农业机器人的研究方面，目前日本居于世界各国之首。但是由于农业机器人所具有的技术和经济方面的特殊性，还没有普及。农业机器人有如下的特点：（1）农业机器人一般要求边作业边移动；（2）农业领域的行走不是连接出发点和终点的最短距离，而是具有狭窄的范围、较长的距离和遍及整个田间表面的特点；（3）使用条件变化较大，如气候影响、道路的不平坦和在倾斜的地面上作业，还须考虑左右摇摆的问题；（4）价格问题，工业机器人所需大量投资由工厂或工业集团支付，而农业机器人以个体经营为主，如果不是低价格，就很难普及；（5）农业机器人的使用者是农民，不是具有机械电子知识的工程师，因此农业机器人必须具有高可靠性和操作简单的特点。

现在已开发出来的农林业机器人有耕耘机器人、施肥机器人、除草机器人、喷药机器人、蔬菜嫁接机器人、收割机器人、蔬菜水果采摘机器人、林木修剪机器人、果实分拣机器人等。

畜养机器人

养殖业采用自动化技术，可以进行饲料的自动粉碎、自动配比、自动磨制、自动混合、自动运装、自动喂食、自动检测、自动控温、自动消毒、自动报警等。自动化养殖不但可以提高产量，而且可以提高质量。还是先来看一个例子吧。

80年代中期的一天，研究人员、兽医、畜牧员，还有记者，共同对由莫斯科戈里亚奇金农业生产工程学院制造的"第一代铁农民"MAR－1型机器人进行考试。题目是安全地将一群小猪转移出猪圈，然后消毒清扫空出的猪圈。

把控制台上电钮一按，它就神态自若地走进猪栏内，用五官的"眼睛"（摄像机）环视四周，并且很有经验地伸出铁手抚摸小猪的头，还给小猪洗身子。小猪很快安静了下来，对这铁家伙不怕了，有的还跟在它的后面，有一头小猪还咬坏了它铁胳膊上的橡皮手套呢。"铁农民"与小猪"熟"了之后，它就发出命令，赶小猪到另外一个圈栏中去。接着它很稳健地走到放桶的屋角，用一只手的橡皮手指抓住水桶的边缘，另一只手伸到桶底取抹布去擦拭墙壁。它用氢氧化钠溶液和甲醛水对圈舍进行消毒。这次考试，它得了优。

用这样的机器人能完成诸如起肥垫圈、清洗畜舍、饮水喂料、消毒防病、监视畜舍温度和湿度、检查牲畜的健康情况、称量体重打标号、制止牲畜打架等工作。有趣的是，如果牲畜是打着玩，机器人会吆喝几声将它们分开；如果是打生死架，机器人则打开冷水枪，用冷水浇头的方法予以制止。

世界上养畜机器人已获得了广泛的应用。澳大利亚研制出能代替人剪羊毛的机器人。剪羊毛是非常辛苦的劳动，用机器人剪羊毛又快有好。剪羊毛机器人外形并不像人，像一个多手的怪物。它用一只手按住羊的头部，用四只（或两只）手按住羊的腿和尾巴，把羊按在专用的台子上，用两只手拿起剪子，贴着羊的身子飞快地剪起来。羊有大有小，有肥有瘦，形体各异，机器人的手能够自动调节剪子的角度和高度。若是羊乱动，机器人感觉器官能够感觉出这些变化，把信号传递给电脑，再由电脑发出命令，自动调节手的位置，保证剪子总是贴着羊的皮肤，而不致伤着羊的皮肉。机器人还有一只手，能把剪下的羊毛分门别类地送到指定地点。

在养猪场，一头母猪多时一胎可产 17 头小猪，刚生下的小猪仔因为吃不上奶而死去的占 15% ~ 20%。为解决这一问题，加拿大安大略省杰尔夫大学的专家弗兰克·赫尼克制造了一头机器母猪，加拿大农业公司又用了几年时间花了 100 万美元，精心改进了这头机器母猪。机器母猪的外形不像猪，是

畜养机器人

一个光亮的蓝色盒子，盒子内装有人造的猪奶。每隔 1 小时，机器母猪就发出断断续续的呼噜声，把猪仔唤醒，同时从盒子里伸出 8 个奶头。它的顶部有灯，由这些灯把机器母猪烘热，再由电脑按程序把奶头加热，并把温奶进行分配，以便让小猪吃。在小猪吃奶时，机器母猪能发出像真正的母猪声音，引诱小猪仔吃奶。小猪吃完奶，灯就熄灭，小猪仔就去玩耍或者去睡觉了。机器母猪还能用水给小猪仔洗澡。100 头母猪配一头这样的机器母猪，使小猪仔死亡率大大地降低了，一年内就可以收回它的制造成本。

嫁接机器人

嫁接机器人技术，是近年在国际上出现的一种集机械、自动控制与园艺技术于一体的高新技术，它可在极短的时间内，把蔬菜苗茎秆直径为几毫米的砧木、穗木的切口嫁接为一体，使嫁接速度大幅度提高；同时由于砧木、穗木接合迅速，避免了切口长时间氧化和苗内液体的流失，从而又可大大提高嫁接成活率。因此，嫁接机器人技术被称为嫁接育苗的一场革命。

日本西瓜的 100%，黄瓜的 90%，茄子的 96% 都靠嫁接栽培，每年大约嫁接十多亿棵。从 1986 年起日本开始了对嫁接机器人的研究，以日本"生物系特定产业技术研究推进机构"为主，一些大的农业机械制造商参加了研究开发，其成果已开始在一些农协的育苗中心使用。由于看到了蔬菜嫁接自动

化及嫁接机器人技术在农业生产上的广阔应用前景，日本一些实力雄厚的厂家如 YANMA、MITSUBISHI 等也竞相研究开发自己的嫁接机器人，嫁接对象涉及西瓜、黄瓜、西红柿等。总体来讲，日本研制开发的嫁接机器人有较高的自动化水平，但是，机器体积庞大，结构复杂，价格昂贵。90 年代初，韩国也开始了对自动化嫁接技术进行研究，但其研究开发的技术，只是完成部分嫁接作业的机械操作，自动化水平较低，速度慢，而且对砧、穗木苗的粗细程度有较严格的要求。在蔬菜嫁接育苗配套技术方面，日本、韩国已生产出专门用于嫁接苗的育苗营养钵盘。在欧洲，农业发达国家如意大利、法国等，蔬菜的嫁接育苗相当普遍，大规模的工厂化育苗中心全年向用户提供嫁接苗。由于这些国家尚未有自己的嫁接机器人，所以嫁接作业，另一部分仍采用手工嫁接，另一部分采用日本的嫁接机器人进行作业。

1997 年，我国设施栽培面积达到 120 万公顷，成为世界上最大的设施栽培国家。特别是以日光温室为代表的具有中国特色的保护地蔬菜栽培和塑料大棚的发展尤为迅速，目前已突破 1 000 万亩。它缓解了蔬菜淡季的供需矛盾，同时也成为我国农民致富的重要途径。但由于蔬菜的生物特性和生长环境特性，连茬病害和低温障碍一直是严重影响设施

嫁接机器人

蔬菜生产的主要问题。对这些病害的防治，无论是选育抗病品种，还是施用药剂，防治效果都不够理想。

80 年代初期，出现了把黄瓜、西瓜嫁接到云南黑籽南瓜的栽培方法，提高了抗病和耐低温能力。实践证明，嫁接是目前克服设施瓜菜连茬病害和低温障碍的最有效方法。

中国农业大学率先在我国开展了自动化嫁接技术的研究工作，先后研制

成功了自动插接法、自动旋切贴合法嫁接技术，填补了我国自动化嫁接技术的空白，形成了具有我国自主知识产权的自动化嫁接技术。如利用传感器和计算机图像处理技术，实现了嫁接苗子叶方向的自动识别、判断。嫁接机器人能完成砧木、穗木的取苗、切苗、接合、固定、排苗等嫁接过程的自动化作业。操作者只需把砧木和穗木放到相应的供苗台上，其余嫁接作业均由机器自动完成，从而大大提高了作业效率和质量，减轻了劳动强度。嫁接机器人可以进行黄瓜、西瓜、甜瓜苗的自动嫁接，为蔬菜、瓜果自动嫁接技术的产业化提供了可靠条件。

目前，我国各地农村正在积极调整种植结构。北京、上海、广州、沈阳等城市率先建立起工厂化农业高效示范园区。山东、安徽、浙江、海南等地，正在兴建嫁接育苗场。这些大规模的嫁接育苗场，只有通过高速、高质、自动化的嫁接机器人技术才能在短时间内完成优质的商品化嫁接生产。可以说，我国蔬菜、瓜果的生产和设施农业技术的发展已经具备了大力发展自动嫁接机器人技术的基础和条件，因此，发展自动化嫁接技术，有利于高新技术迅速转化为生产力，推动我国农业现代化的跨越式发展。

林木球果采集机器人

在林业生产中，林木球果的采集一直是个难题，国内外虽已研制出了多种球果采集机，如升降机、树干振动机等，但由于这些机械本身都存在着这样或那样的缺点，所以都没有被广泛使用。目前在林区仍主要采用人工上树手持专用工具来采摘林木球果，这样不仅工人劳动强度大，作业安全性差，生产率低，而且对母树损坏较多。为了解决这个问题，东北林业大学研制出了林木球果采集机器人。该机器人可以在较短的林木球果成熟期大量采摘种子，对森林的生态保护、森林的更新以及森林的可持续发展等方面都有重要的意义。

林木球果采集机器人由机械手、行走机构、液压驱动系统和单片机控制系统组成。其中机械手由回转盘、立柱、大臂、小臂和采集爪组成，整个机械手共有5个自由度。在采集林木球果时，将机器人停放在距母树3～5米处，操纵机械手回转马达使机械手对准其中一棵母树。然后单片机系统控制机械手大小臂同时轻柔升起达到一定高度，采集爪张开并摆动，对准要采集的树枝，大小臂同时运动，使采集爪沿着树枝生长方向趋近 1.5~2 米，然后采集爪的梳齿夹拢果枝，大小臂带动采集爪按原路向后捋回，梳下枝上的球果，完成一次采摘，然后再重复上述动作。连捋数枝后，将球果倒入机器人后部的集果箱中。采集完一棵树，再转动机械手对准下一棵。

试验表明，这种球果采集机器人每台能采集落叶松果 500 千克，是人工上树采摘的 30~35 倍。另外，更换不同齿距的梳齿则可用于各种林木球果的采集。这种机器人采摘林木球果时，对母树破坏较小，采净率高，对森林生态环境的保护及林业的可持续发展有益。

林木球果采集机器人

伐根机器人

我国是一个少林的国家，森林覆盖率仅为 20.36%，在世界各国中排 120 位。我国人均森林蓄积量为 9.8 立方米，远远低于世界林业发达国家水平。为克服我国的森林资源危机，改进森林资源利用，充分发挥林地效益，其重要途径是：（1）充分利用森林采伐剩余物；（2）培育优质工业用材林。

在采伐剩余物中，伐根占有相当大的比重，是高效地利用伐区剩余物和伐区基地更新造林的关键。

目前，在我国伐根清理中应用的各种方式、方法都存在着劳动强度大、作业安全性差、作业效率、经济效益低、环境生态效益差等问题。国外的伐根清理机械共同特点是功率大但价格昂贵，国内无法引进推广。为了解决这个问题，针对国内外伐根清理机械的情况，结合我国的国情和林情，东北林业大学研制了一种先进、经济适用、效率高、对地表破坏程度小、伐根收集率高、清除伐根程度符合森林更新要求、对环境没有污染的智能型伐根清理

伐根机器人

机器人。使用智能伐根清理机器人，在一个停靠位置，即清理周围半径8m范围内的伐根，是人工挖根的50多倍。同时地表坑径小，利于造林，减少了采伐迹地水土流失，减轻了劳动程度，保证安全作业，有显著的经济效益、生态效益和社会效益。

智能型伐根清理机器人主要由行走机构、机械手、液压驱动系统和控制系统等组成。其中机械手安装在具有行走功能的回转平台上，由回转盘、大臂、小臂和旋切提拔装置组成。为能实现在各种不同坡度、地形进行清理伐根，机械手具有六个自由度。旋切提拔装置由万能切刀、提拔筒、四爪抓取机构等组成，在液压系统的驱动下可以实现各种俯仰、旋转、抓取。该机器人的驾驶室内利用摄像镜头和显示器组成实时监控系统对作业目标进行搜索，操作人员可以在机器人驾驶室内进行伐根清理作业。

使用智能型伐根机器人促进人工更新造林保护生态环境具有现实的意义和实用价值，该机器人在林业生产、城市建设绿化、输变电线路改造与建设等方面具有广阔的应用前景。

采摘水果机器人

在日本，农业劳动力老龄化和农业劳动力不足的问题十分突出，为了解决这一问题，日本开发出了一系列不同用途的农业机器人，这其中就包括采摘水果的机器人。这种机器人有它自身的特点：它们一般是在室外工作，作业环境较差，但是在精度上却没有工业机器人那样要求高；这种机器人的使用者不是专门的技术人员，而是普通的农民，所以技术不能太复杂，而且价格也不能太高。这里就以一种西瓜收获机器人为例来介绍。

一般的机器人多数是采用电气驱动，但是为了降低成本，这种西瓜收获机器人却是采用油压驱动，比以蓄电池为动力源的电气驱动要经济得多。这种机器人没有使用价格相对较高的高精度油压控制马达，而是采用了油缸控制，这样做也降低了机器人的成本。

作为动力源的内燃发动机驱动两台油压泵，其中的一台是用于驱动机械手，另一台是为操纵行走车辆的方向盘以及驱动制动器的控制油缸，它比前一台的压力要大得多。

机械手是由 4 个 4 节连杆构成的手指组成的系统，在手指的尖端装有滑轮。当机械手抓拿西瓜时，机械手从西瓜上面降下，手指的滑轮沿西瓜表面边滑动边下降，当到达最下端时就停止；上升时，利用西瓜自身的重量，使机械手自锁，利用这种方式来抓取西瓜。这种结果不需要复杂的控制系统，同时也适合于定位不准的情况，而且也比较容易操作。试验结果表明，当机械手的中心与西瓜的中心的偏离不超过 54 毫米时，机械手都能抓住西瓜。当手指尖端的滑轮沿西瓜表面向下滑动时，利用手指关节的动作可以求出西瓜的大小，利用手上附加的力传感器可以求出西瓜的重量，误差仅仅在 2% 以内。这样就可以在现场对西瓜进行初步的分级，另外也可以根据力的变化判断是否抓住了西瓜。

由于西瓜的果实和枝叶的颜色相同，而且成熟与没有成熟的西瓜的果实颜色也相同，这就给西瓜检测带来了困难，因此要根据西瓜的挂果日期（开花日期）的不同，放置直径为 40 毫米左右不同颜色的标识球，这样就可以根据标识球的颜色和位置正确判断西瓜的位置和成熟情况，为了正确判断，对标识球的颜色和种类要有一定的限制。

对这种采摘西瓜机器人进行收获西瓜的作业试验，得到的结果比较理

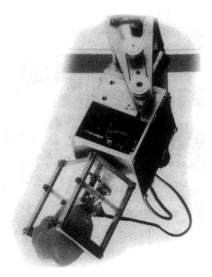

摘西红柿机器人

想，由于有位置误差，机械手抓到的西瓜占西瓜总数的 76.5%。对于一般的

农业机器人，能达到这样的标准已经是很不错的了。

移栽机器人

种子种到插盘以后，长出籽苗，直到它们生出根来，再将其重新栽到乙烯盆或其他的盆里，这种作业叫做移栽。在日本，广泛采用软的乙烯盆，并将其装入容器内，以便于装卸和转运。移栽的目的是保证适当的空间，以促进植物的扎根和生长。

移栽虽然是很简单的，但是需要大量的手工作业，而且是很费时的。人工移栽的平均速度是每小时 800~1 000 棵，但连续工作会使人疲劳，很难长久保持高效率。

现在研制出来的移栽机器人有两条传送带，一条用于传送插盘，另一条用于传送盆状容器。其他的主要部件是插入式拔苗器、杯状容器传送带、漏插分选器和插入式栽培器。

这种机器人的工作过程如下：用拔苗器的抓手将插盘中的籽苗拔出，放在穿过插盘传送带移动到盆传送带上的一排杯状容器内。在杯状容器移动的同时，由光电传感器探测有无缺苗，探测之后，栽培器的抓爪只拿起籽苗。每个栽培头分别接近一只杯，在所有栽培头都夹住籽苗之后，所有栽培头同时栽培籽苗，确保无空盆，最大栽培速度为每小时 6 000 棵。

移栽机器人

该机器人是第一台能识别缺苗的机器人。因为在许多情况下，种子的发芽率只有 60%~70%。利用这种机器人，栽培者只移栽真实的籽苗，并使全部籽苗都移栽到盆里，减少寻找和填充空盘的必要。

这种机器人可以很容易地与其他设备连在一起使用，如盆输送机和填土机。另外，该机器人的用户要重新设计苗圃的作业程序。一般的作业程序未必适合使用这种移栽机器的新的程序。形成根球是用机器人移栽必不可少的，因此要比用人工移栽的植物培育时间更长些。同时还必须改变土壤成分，以使根球形成最佳化。

自动挤牛奶系统

日本最近成功开发出了自动挤牛奶系统，这个系统包括以下几个部分：

（1）自动挤牛奶机器人。该机器人能够在规定的轨道上移动，在机器人上装有能够检测牛乳头位置的专用传感器和能够安放挤奶杯的机械手。

（2）挤奶室。挤奶作业一般在挤奶室中进行，系统中一般有 2～3 间挤奶室。

（3）中央电脑。它不但控制自动挤奶机器人的动作，而且存储各头奶牛的相关数据。

系统的工作过程是这样的。当到了预定的挤奶时间系统会自动开始挤奶工作。

首先挤奶室的后门打开，引导奶牛进入空的挤奶室，每头奶牛的牛脖子上都有 ID 标签，系统根据 ID 标签识别奶牛的编号，从而在中央电脑的数据库中查出奶牛的生长数据，并根据此数据调整挤奶室中前面饲料槽的位置，使奶牛的屁股正好对准挤奶室的后部，这样做就可以使得奶牛的乳头位置大致相同，便于安放挤奶杯。

在奶牛进入到挤奶室之后，挤奶机器人开始在轨道上移动，靠近奶牛，然后通过安放在机械手上的传感器检

挤奶机器人

测出乳头的精确位置，安放好挤奶杯。当挤奶杯安放完毕后，还要通过传感器再次检测杯内是否确实有乳头以及乳头是否被积压，如果不符合要求，还要重新安放挤奶杯。确认无误后，杯内的喷嘴开始喷温水，清洗牛的乳头。在清洗牛的乳头时还要进行十分钟的预挤，清洗的水和预挤的牛奶经过导管

引至排水箱中排除，此后，机器人开始正式的挤奶，导管转移至积奶箱。对积奶箱中的牛奶还要检测其电气传导度，用来判断奶牛是否患有乳房炎（因为当奶牛患有乳房炎时，牛奶中的电解质增加，传导性增强）。

到达挤奶终了时间，机械手自动拿下挤奶杯，机器人移向其他挤奶室中的奶牛，重复上述步骤。这时，这个挤奶室中的饲料箱返回初始位置，然后打开挤奶室的前门，奶牛走出，准备下一头进入。

电脑在系统中不但进行控制，还会对奶牛进行管理。例如，在相应的时间中如果挤奶量与预测量相差过大，则要发出警告，要检查奶牛的健康情况，对有病的奶牛的牛奶要扔掉。

由于挤牛奶机器人的作业对象是奶牛，有些参数是不断变化的，所以电脑中的数据要不断更新，以便在安装挤奶杯时参考。另外，产奶时间、产量等数据也要经常更新。

采用了自动挤牛奶系统以后，工作人员的体力劳动大大减轻了，节省了劳动力，而且还使牛奶的产量增加了 15% 左右，具有很高的经济价值。

喷农药机器人

为了防治树木的病虫害，就要给树木喷洒农药，为了改善劳动条件，防止农药对作业人员的毒害，日本开发出来了喷农药的机器人。

这种机器人的外形很像一部小汽车，机器人上装有感应传感器、自动喷药控制装置（就是一台能处理来自各传感器的信号以及控制各执行元件的计算机）以及压力传感器等。

在果园内，沿着喷药作业路径铺设感应电缆，对于栽种苹果树这样的果园，是把感应电缆铺设在地表或者是地下（大约30米深的地方），而对于像栽种葡萄等的果园，则感应电缆架设在空中（地上约 150～200 米处）。考虑到果树的距离，相邻电缆的距离最小为 1.5 米左右，电缆的长度则受信号发送机功率以及电缆电阻的限制。工作时，电缆中流过由发送机发出的电流，在电缆周围产生磁场。机器人上的控制装置根据传感器检测到的磁场信号控制机器人的走向。

机器人在作业时，不需要手动控制，能够完全自动对树木进行喷药。机器人控制系统还能够根据方向传感器和速度传感器的输出，判断是直行还是转弯，而在转弯时，在没有树木的一侧机器人能自动停止喷药。如果转弯时两边有树木也可以根据需要解除自动停止喷药功能。在喷药作业时，当药罐中的药液用完时，机器人能自动停止喷药和行走。在作业路径的终点，感应电缆铺设成锐角形状，于是由于磁场的相互干扰，感应传感器就检测不到信号，所有功能就会停止下来。当机器人的自动功能解除时，还可以利用遥控装置或手动操作运行，把机器人移动到作业起点或药液补充地点。

机器人在工作时的安全是十分重要的，这个喷药机器人在前端装有2个障碍物传感器（就是一种超声波传感器），可以检测到前方约一米左右距离的情况，当有障碍物时，行走和喷药均停止；另外机器人前端还装有接触传感器，当机器人和障碍物接触时，接触传感器发出信号，动作全部停止；在机器人左右两侧还装有紧急手动按钮，当发生异常情况

喷农药飞行机器人

时，可以用手动按钮紧急停止。另外当信号发送机出现故障，感应电缆断线或者机器人偏离感应电缆时，由于感应传感器检测不到磁场信号，机器人就会自动停止。这些功能使机器人在作业时，保证了机器人和周围环境的安全。

使用了喷农药机器人，不仅使工作人员避免了农药的伤害，还可以由一人同时管理多台机器人，这样也就提高了生产效率，所以这种机器人将会有更大的发展。

机器人牧羊犬

现在，美国西尔索研究院（SRI）进行了一项研究，其目的是研究机器人与动物如何以最自然的方式相处。最近的研究结果表明，动物对机器人的反应良好，它们感到机器人比人和其他动物对它们的威胁要小得多。尽管有些动物经常与机器人接触，例如现在就有挤牛奶的机器人，但是使动物在与机

器人的相处过程中尽可能地放松仍然是十分重要的。

在研究过程中，研究人员研制出一种自主机器人，这种机器人能够进入鸭子的活动场所，将鸭群赶到一起，并且能将它们安全地赶到目的地。这是世界上首次进行这方面的实验。以前没有任何的机器人系统能够控制动物的行为，同时也没有任何设计这种机器人的方法。研究人员不准备用机器人牧羊犬代替现实中的牧羊犬，但是，牧羊犬的牧羊任务能被看成是一个机器人与动物相处得很好的例子。因为有牧羊犬，牧羊人和羊群之间有一种亲密的令人感兴趣的关系。这个实验之所以选择鸭子，而不是用羊进行试验的主要原因是要更方便地进行小规模的试验。牧羊人一般认为羊群和鸭群的习性很像，因此，在训练牧羊犬时，人们经常使用鸭群。研究的目的是为了了解动物群的成长和发展以及单个动物如何在群体中生活。

机器人牧羊犬

这个机器人牧羊犬项目（RSP）是由 SRI 和布里斯托尔大学、里兹大学、牛津大学共同进行的。这个多学科的研究项目涉及机器人的制造，机器人视觉、行为建模和个体生态学。为了避免在实验过程中总是使用动物所带来的不便，研究小组建立了一种基本群体特性的最小通用模型，并将其集成到场地与机器人的计算机仿真中。仿真鸭子被叫做"小鸭"，它只突出鸭子的一种行为。通过仿真器进行试验，设计出了机器人的控制程序，它控制机器人以正确的方式赶拢鸭子。最后的结果表明，用真正的机器人和鸭子进行的试验是成功的。

机器人的外表是一个带有轮子的垂直的圆柱体，可以方便地在室外的草坪上运动。这种机器人的最大行走速度是每秒钟 4 米，远远超过了鸭子的速度。机器人高 78 厘米，直径 44 厘米，外面包一层软塑料，软塑料安装在橡胶弹簧上，目的是保证鸭子的安全。这个机器人系统包括机器人车、计算机和摄像机。计算机在分析了摄像机拍摄的图像后，可以确定鸭群和机器人的位置，将信息与已知的目标位置进行分析，控制程序就能确定机器人的行走路线。命令是通过无线电台发送给机器人的，它引导机器人将鸭子赶到目的地。

该项目是机器人与工程研究项目的子项目，将为未来研究机器人与动物的相互作用奠定一个良好的基础。

工业机器人

工业机器人就是在工业环境中进行各种作业的机器人，如喷漆机器人、焊接机器人、冲压机器人、装配机器人等。

在工业生产中使用机器人，有很多好处：

（1）首先可以提高产品质量。由于机器人是按一定的程序作业，避免了人为的随机差错。

（2）可以提高劳动生产率，降低成本。因为机器人可以不知疲劳地连续工作。

（3）改善劳动环境，保证生产安全，减轻、甚至避免有害工种（比如焊接）对工人身体的侵害，避免危险工种（比如冲压）对工人身体的伤害。

（4）降低了对工种熟练程度的要求，不再要求每个操作者都是熟练工，从而解决熟练工不足的问题。

（5）使生产过程通用化，有利于产品改型，如要换一种产品，只要给机器人换一个程序就行了。

喷漆机器人

众所周知，多数涂料对人体是有害的，因此，喷漆一向被列为有害工种，据统计我国现

喷漆机器人

在从事喷漆工作的工人超过 30 万，由于生活水平的提高，加之独生子女为主体的就业队伍的出现，喷漆工人队伍难以为继，用机器人代替人进行喷漆势在必行。何况用机器人喷漆还具有节省漆料、提高劳动效率和产品合格率等优点。

在我国工业机器人发展历程中，喷漆机器人是比较早开发的项目之一，目前为止，已有多条喷漆自动生产线用于汽车等行业。

焊接机器人

使用机器人进行焊接作业，可以保证焊接的一致性和稳定性。克服了人为因素带来的不稳定性，提高了产品质量。由于使用机器人，工人可以远离焊接场地，减少了有害烟尘、焊炬对工人的侵害，改善了劳动条件，同时也减轻了劳动强度，如果采用机器人工作站，多工位并行作业，更可以提高劳动生产效率，满足高效的要求。

我国的工业机器人当中，焊接机器人占很大比例，用于汽车、摩托车、工程机械（比如起重机、推土机）、农业机械甚至家电生产部门。我国的大型汽车制造集团公司都有多台焊接机器人。

在国外，焊接机器人已受到大中型，甚至小型企业的重视，美国的卡特比勒，德国的利渤海尔、宝玛格，瑞典的沃尔沃等公司，均大量使用焊接机器人；日本的雅马哈、本田、铃木等摩托车的主要结构件几乎全部采用焊接机器人作业。

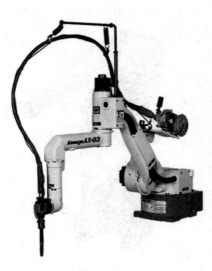

弧焊机器人

焊接机器人作业精确，可以连续不知疲劳地进行工作，但在作业中会遇到部件稍有偏位或焊缝形状有所改变的情况。人工作业时，因为能看到焊缝，可以随时做出调整；而焊接机器人，因为是按事先编好的程序工作，往往不能很快调整，使它的使用受到限制。

法国、加拿大、日本共同研制了一种叫做"Robokid"的焊接机器人，能用激光三角测量法"看"到焊缝，并可随时调整焊炬的路线，保证对准焊缝。进而法国人又在 Robokid 上装上一台 PC 机，控制了 4 个焊接机头，每个机头具有 4 个自由度，这样可以进行多道焊接。利用 PC 机的功能进行编程，能够自动计算焊道的分布和需调整的数值，并把编程时间由数小时缩短到 10 分钟之内。这种先进的焊接机器人被法国人用在船舶和核反应堆压力容器的制造中。

装配机器人

为适应现代化生产、生活需要，我国汽车工业迅猛发展。但汽车装配中，安装发动机、后桥等大部件是一项劳动量很大的工作，甚至于需要人抬肩扛。现在沈阳"金杯客车"公司的汽车总装线上，却是另一种场面：9 台智能移动机器人（也叫自动引导车）在调度台指挥下，轻松自如地将发动机、后桥、油箱等大部件自动运输、装配到"海狮"面包车上，生产节拍只需 3.9 分钟！这种智能移动式机器人还在一汽轿车"红旗世纪星"、柳州微型汽车厂总装线上使用，大大提高了生产效率，改善了劳动条件。

各种高科技产品的装配需要高的精度和自动化程度，海尔哈工大机器人公司最近推出 3 个自由度直角坐标机器人和 4 个自由度 SCARA 装配机器人，前者的特点可以根据实际需要组合成不同形式，行程范围 2 000 毫米至 1 200 毫米，精度为 ±0.01 毫米，可以灵活地用于各种自动化生产线中；后者具有体积小、运动灵活、高速度、高精度等优点，可用于电子装配和半导体自动化生产中。

搬运机器人

在建筑工地，在海港码头，总能看到大吊车的身影，应当说吊车装运比起早期工人肩扛手抬已经进步多了，但这只是机械代替了人力，或者说吊车只是机器人的雏形，它还得完全靠人操作和控制定位等，不能自主作业。这里我们介绍的搬运机器人则是能够自主作业，并能保持很高的定位精度。

日本研制成功的 OMNIHAND 垂直关节型搬运机器人，手臂有 3 个关节，能上下、前后及侧向移动，即有 6 个自由度，每个坐标轴用交流伺服电机控

制,最大搬运质量为500千克,定位精度为0.1毫米。定位是靠臂端安装的一个距离超声传感器和一个图像传感器联合完成。利用这种机器人可以搬运铁路枕木、钢轨等。同其他机器人一样,其臂端有多种备用附件,可以完成不同的搬运任务。

装配汽车的机器人

我国无锡威孚集团公司和南京理工大学合作,于2001年开发了一种搬运机器人,结构为6个自由度、关节式、轨道控制式,原设计是针对该集团铝浇注车间搬运铝液的,完成从保温炉内舀取铝液倒入浇注机进行浇注作业的。它可以同时供应8台浇注机,工作1遍的时间为6.5分钟,并保证舀、倒铝液时没有溅漏,最大搬运质量为100千克,工作半径为2.6米,可在±180°范围内回转。这一机器人的应用取得了以下效益:减轻了包装工人的劳动强度,避免了该工序的工伤事故,减轻了工序的环境污染,提高了生产效率和生产质量。

搬运货物的机器人

喷丸机器人

现代机械工业发展中,表面处理成为一个棘手的问题,现代化产品对表面质量要求越来越高,而手工清理不仅效率低,而且劳动量太大。为此芬兰的钢铁巨人公司研制出一种计算机控制的喷丸机器人,可以进行各种表面处理:飞机机身、机翼除旧漆、运输集装箱内外表面处理等。喷丸的载运介质有空气、水蒸气或水；磨削介质则可以用玻璃球、塑料片、砂粒等。实践证明：喷丸机器人比人工清理效率高出 10 倍以上，而且工人可以避开过去污浊、嘈噪的工作环境，操作者只要改变计算机程序，就可以轻松改变不同的清理工艺。目前这种机器人远销德国、俄罗斯、瑞典等国家。

喷丸在机械加工中还是一种进行表面强化的方法，如汽车发动机的一些轴件、活塞杆等都采用喷丸强化，我国第一汽车集团公司的自动生产线中就有喷丸工序。笔者认为开发喷丸机器人还可以应用到表面强化工艺中去。

喷丸机器人

吹玻璃机器人

类似灯泡一类的玻璃制品，都是先将玻璃熔化，然后人工吹气成形的，熔化的玻璃温度高达 1 100℃以上，无论是搬运，还是吹制，工人不仅劳动强度大，而且有害身体，工作的技术难度要求还很高。法国赛伯格拉斯公司开发了两种 6 轴工业机器人，应用于"采集"（搬运）和"吹制"玻璃两项工作。

机器人是用标准的法那克 M710 型机器人改装的，是在原机器人上装上不同的工具进行作业的。

采集玻璃机器人使用的工具是一个细长杆件，杆头装一个难熔化材料制成的圆球，操作时机器人把圆球插入熔化的玻璃液中，慢慢转动，熔化的玻璃就会包在圆

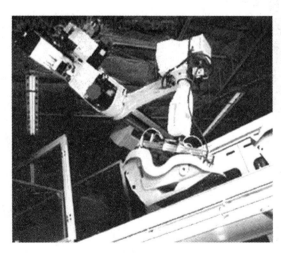

吹玻璃机器人

球上，像蘸糖葫芦一样，当蘸到足够的玻璃液时，用工业剪刀剪断与玻璃液相连处，放入模具等待加工。吹制机器人与采集玻璃机器人不同的是工具，细长杆端头装的是个尖钳，能够夹起玻璃坯料，细长杆中心有孔，工作时靠一台空气压缩机向孔内吹气，实际上是再现人工吹制的动作。到目前，该公司安装的40多台玻璃采集机器人为世界各国所采用，其中包括日本、巴西、中国、法国等。尽管这种机器人还不够十分理想，但却是世界首创，而且很实用，有着很大的发展余地。

核工业中的机器人

第二次世界大战中，一颗原子弹使广岛一瞬间变成废墟，使一些地区几年、几十年寸草不生，足见核武器的破坏力量。但核技术也同样可以为民造福，比如到目前为止，世界发达国家都广泛建立和使用核电站，我国也有著名的大亚湾核电站等，日本核电站发电量已占全国发电量的三分之一。既要发展核工业，又要使人们远离核辐射的威胁，那么开发核工业机器人，让机器人代替人去进行有关作业，就是解决这一问题的惟一途径了。

日本最早开发的这类机器人是单轨的，活动范围很窄，只能对某些核设备进行定向的巡检；后来为了扩大工作范围，又开发了履带式巡检机器人，两者都装有摄像机、麦克风等设备。进一步再装上了机

核工业机器人

械手，应用了人工智能，使性能大为提高。

肉类加工机器人

肉食品对人们生活来说是不可缺少的，但一提到屠宰厂，人们联想到的就是满地血水，工人们穿着高腰雨靴，手持长刀砍向猪羊的场面。随着生活

水平的提高，"屠夫"已是人们不愿从事的岗位。目前，在一些国家，机器人承担了这一工作。国际上很重视肉类加工机器人的研究，欧盟还提供了专项资金，英国、丹麦、德国等加紧研制，首先拿猪"开刀"，目前已经研制成功机器人屠宰系统，用于除去内脏以后，胴体各部分的分割；丹麦的 Danish 肉类研究所建造了一套内脏去除示范系统，用于去除内脏。

机器人系统的使用，提高了屠宰分割的准确性，也收到了较好的经济效益。

能切肉的机器人

鱼类加工机器人

日常生活中，加工鱼是很麻烦的事，一般说来鱼薄而刺多，不注意就会伤着人手，而对于冰岛、希腊、丹麦等产鱼国家，要大量加工鱼，他们加工的工序是：先切掉鱼头，然后从鱼的背骨将其切成两片，再去掉小刺和一些不整齐的余肉，完成这些工作，不仅使人劳累，而且稍不注意还会切掉手指。为解决这个问题，欧洲信息技术战略计划确立了资助项目——鱼加工机器人，目前正在解决切鱼头工序。主要要求是：制造一个高速视觉导向机器人，其末端装有手臂，能准确地从传送带上抓起滑溜的鱼，迅速放到切头机上去，保证在传送带不停运转的

鱼肉加工机器人

情况下，不能漏抓漏切一条鱼，切头机加工一条鱼的时间要求 1~2 秒。视觉系统还必须能区分鱼的大小，以便把鱼送到不同的加工线上。设计者的效益

目标是使鱼片生产量增加1%，目前这一系统正在试验中。

糕点包装机器人

我们中国是礼仪之邦，逢年过节，亲戚朋友间常常送盒点心，以分享节日的快乐，当你提着一盒精美的点心去朋友家时，是否考虑到包装易碎、易坏的点心，是辛苦而细致的工作呢？

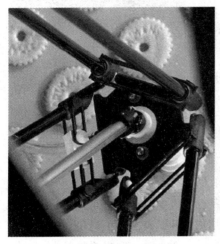

瑞士的一家糕点厂从1992年就在生产线上安装了8台Adept-One 4轴机器人，它们的任务是：将糕点放入软包装盒，再将软包装盒放入纸箱两道工序，而且是对7种不同形式的糕点进行包装。其中最困难的是第一道工序，糕点放在传送带上，机器人手爪上糕点的位置必须与软包装盒中糕点应放的位置一一对应，利用摄像机对传送带上糕点的位置定位，并将数据传给机器人，机器人将传送带上的糕点逐个取下，小心翼翼地放入软包装盒中，手爪的动作要既灵活又准确，

糕点包装机器人

毫米之差就会损坏糕点。其最高效率可达145块/分钟。

吹玻璃

这里介绍一种艺术玻璃管的吹制方法及其专用工具。先吹出一小泡并二次取料、滚动处理后把软料向下，吹气使之成为一个适当大的泡，用一手握吹管，另一手持工钳夹住玻璃管的尾部，在吹气的同时拉伸玻璃管和转动主吹管，拉卷出所需的造型。工具由吹管、连接头、连接管、软管和吹气头按上述顺序连接组合而成；该方法和工具解决了在吹气的同时不可以进行造型的矛盾，可以广泛地应用在制作玻璃艺术品行业。

医疗机器人

工人加工零件是有一定的废品率的，也就是说，出一定数量的废品是允许的，而医生开刀做手术就不同了，出现失败就意味着损坏了患者的健康，甚至生命，事情就是这么严峻。你也许见到过这种场面：无影灯下，心脏换瓣的手术在紧张地进行，患者胸骨已被劈开，呼吸机、体外循环机由专人监视着，助手们向主刀医生手里准确地递上各种器械，房间里静得连掉一根针也能听到，护士们不时为主刀医生擦去额头上的汗水……手术已经进行了3个多小时了，手术室门外的患者家属，充满焦虑和希望。

尽管医生们努力、再努力，慎重、再慎重，但是，毕竟是人，那就会有疲劳、情绪紧张的时候，就会对手术有影响，而每一处微小的疏漏都会对患者的创口、手术质量，乃至生命造成影响。正因为如此，手术前患者及其家属对医院和医生的选择，都会给病人和家属以及医生带来压力。

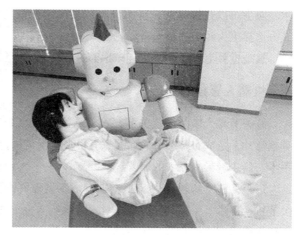

医疗机器人

随着现代科学的发展，计算机与机器人技术开始涉及外科手术领域。这样行吗？人们把头颅和心脏交给一个机器人，放心吗？安全吗？以下的事实，会解除你的疑惑。

机器人更换髋骨

人体的股骨与髋关节窝连接的关节头是圆形的，而且光滑，中间有软骨

垫着，一旦发生病变则关节头会变形，而且凹凸不平，时间长了，还会有磨损的软骨碎片，治疗的办法是更换髋骨，通常是先切开几寸厚的肌肉，再用锤子、凿子在股骨上开孔，以便放入金属植入物。

在美国加利福尼亚州萨克拉门托市萨特总医院，巴格医生在给患者做更换髋骨的手术，在切除股骨顶部之后，却没有用锤子、凿子打孔，而是叫来了他的机器人助手。这个助手约 7 英尺（约 2.1 米）高，长着一个单臂，臂上装有钻孔装置。在巴格医生指导下，几分钟后，在患者股骨上精确地钻出一个小孔，然后，巴格医生为病人植入人工髋骨，在小孔处与股骨配合。

为采用这种新技术，有关专家曾在狗身上进行了 20 多次手术试验，证明安全可靠之后，1993 年 10 月美国食品药物管理局才允许在人身上进行。

在这个手术中，植入物与患者髋骨是否匹配是关键问题，以前，有时到了手术室现场发现不匹配，只好临时更换，而机器人系统中采用了计算机技术，医生可以在屏幕前，将不同型号、尺寸的植入物与患者髋骨图像相比，充分选择更为匹配的植入物。

这是世界上机器人医生（Robodoc）在人体上完成的第一个外科手术。

机器人置换膝关节

膝关节是人体的重要关节，它关系到人体的支撑、行走等功能，而由于频繁活动，造成有膝关节病症的患者很多，仅美国每年就有 20 万人需要进行手术，给患者带来巨大的痛苦。

以色列施哈姆教授在 2000 年研制成小型外科机器人，独立完成了人体膝关节置换手术。手术时，医生先对患者进行 X 射线断层扫描，然后将图像输入计算机，手术的实施全由机器人进行，教授特意为机器人安装了压力传感器，防止手术中机器人施力过大。为确保安全，手术过程由旁边的医生监控，必要时可以转换成人工控制。

施哈姆教授正在研究用这台机器人进行脊椎、脑、眼、耳等外科手术。

机器人摘除胆囊

美国医疗器械厂家 Intuitive Surgical 制造了机器人手术系统 "Da Vinci Surgical System"，已经为 100 多名患者摘除了胆囊。

该系统包括控制台、内镜和切除结扎系统，机器人的 3 个机械手臂臂端都有灵活的手腕，可以使用各种手术器械。

施行手术时，医生利用电脑屏幕观察，遥控内镜和切除结扎系统工作，便可摘除胆囊。目前由于操作者掌握这一新技术尚不熟练，完成这一手术时间较长，约 40 分钟。值得一提的是该系统已被日本引进，正进行临床试验，该系统售价 100 万美元。

美国对医疗器械的管理一向是比较严格的，但这一系统于 2000 年 7 月已被美国食品与药物管理局（FDA）获准使用，允许市场销售，成为美国第一次在外科手术中引进的机器人技术。

机器人切除前列腺肿瘤

2000 年 7 月 13 日，法国东南克雷泰伊亨利医院上"演"了这样一幕：

泌尿科资深专家克莱芒·克洛德·阿布医生端坐在椅子上，手持两个手柄，面对一个屏幕上显示的三维立体图像；而几米远处的患者躺在手术台上，正接受阿布医生为他进行的前列腺摘除手术，手术进行了 7 个半小时，阿布教授依旧精神饱满，完全没有以前用常规方进行手术的疲劳，因为以前进行这种手术，医生必须弯腰俯身站立、持刀操作手术的全过程。阿布教授认为使用机器人手术大大减轻了医生的工作强度，更重要的是提高了手术的精确性和可靠性。

机器人施行远距离手术

在北京各大医院挂号处，常常排起长队，队中不少是外地人，或扶着老人，或抱着孩子，一脸的疲劳和焦急。目前，尚有不少地区医疗水平比较低下，为了给重患者看病，特别是动大手术，还必须千里迢迢来京治疗，路途的劳顿更给患者增加了痛苦，如果没有机会前来，就会痛失治疗的最佳时间，甚至危及生命。同样，战场上受伤的战士，由于往往要送回后方治疗，耽误了抢救时机，造成可以避免的牺牲。

自古以来，看病治疗、开刀手术，患者与医生必须同在一个地方。不在一起能不能看病呢？科学发展到今天，一些过去人们习以为常的事可以被打破，以前往往认为做不到的事，由于人们的努力而在今天得以实现。

目前，世界各国重视远距离外科手术的研究，据称，世界范围内有不少于 10 个专门小组在进行研究。我们相信，在不久的将来，远距离手术就可以成为现实，这就等于最优秀的外科医生和最天才的肿瘤专家可以对任何一个地方的患者施行手术。机器人做微型手术有些是非常精细的，称为显微外科手术，比如眼科手术，这种手术的难度是要在一个很小的范围内作业，操作者极易疲劳，手的移动也不能很准确。

美国麻省理工学院的 W. 亨特研制了"MSR－1"型专门用于显微外科手术的机器人系统，它可以按比例缩小医生的动作，使机器人的切口仅为医生动作的 1%，并且计算机可以滤去医生手的颤抖，使手术更加精确，同时，还能检查医生动作的安全性，比如动作过快，它就会发出报警的声音。

微型特种机器人

为深入人体内部管道，医学上需要微型特种机器人。上海交通大学根据仿生学原理，研制了钻入人肠道的"蚯蚓"机器人，能带摄像机在肠道内蠕动，将拍摄的照片传给有关专家。其质量仅为 14 克，体积像一个铜笔头大小。

微型特种机器人

微操作机器人

护士给人打针是有技术的，特别是静脉注射，经验不足的护士，往往给人扎好几个眼儿，还找不到静脉血管。那么在生物工程中要给直径和厚度只有几微米（1 微米是 1 毫米的千分之一）的细胞注射，难度就可想而知了。即使是训练有素的实验人员，由于操作时自身生理因素（诸如疲劳、情绪、抖动）的影响，成功率也只有百分之一。因此，显微注射成了阻碍生物工程发展的一个关键技术，也是个薄弱环节，影响到生物工程、细胞工程的前进步伐。我国南开大学的研究人员，于 2000 年研制成了一种面向生物工程的微操作机器人系统。它是全自动化操作，为世界首创，只要点击鼠标，就可以自动给几微米直径的牛肺细胞打一针，1分钟之内就可以完成基因转化。

研究者们精益求精，设计了系统的体系结构、功能模块、控制系统及应用软件。具体结构是：一个倒置的显微镜和载物平台，显微镜上安装了摄像机，可以将放大几千倍的图像传递给计算机，操作者可以从屏幕上看到这些图像，显微镜的两侧对称安装了三维自由度的操作臂，操作臂可以夹持细微工具在空间做各种运动，

微操作机器人

所有运动都是电动控制，每走1步为1微米。目前为止，利用它来完成细胞的转基因注射，成功率达50%。

纳米机器人

这一系统的成功，显示了机器人技术的多自由度联动和高精度定位的优势。

纳米机器人

纳米是很小的长度单位，它是1米的十亿分之一（1纳米 = 10^{-9}米）！

所谓纳米机器人，其直径就是以纳米为单位的。这种机器人由黄金和多层聚合物制成，样子像人的手臂，有灵活的肘部和腕部、2~4个手指，经专家实验，目前用这种机器人能捡起人眼看不见的玻璃球。设计者的意图是让它在人血管中游弋，专门除血管壁上的沉积

物，减少人们心血管病的发病率。专家还希望用类似的机器人进入人体组织间隙清除癌细胞，这样，就可攻克人类两大病症——心血管病和癌症，以造福人类。

据悉，目前瑞典已开始制造这种机器人。

纳米技术

所谓纳米技术，是指在 0.1～100 纳米的尺度里，研究电子、原子和分子内的运动规律和特性的一项崭新技术。科学家们在研究物质构成的过程中，发现在纳米尺度下隔离出来的几个、几十个可数原子或分子，显著地表现出许多新的特性，而利用这些特性制造具有特定功能设备的技术，就称为纳米技术。

纳米技术与微电子技术的主要区别是：纳米技术研究的是以控制单个原子、分子来实现设备特定的功能，是利用电子的波动性来工作的；而微电子技术则主要通过控制电子群体来实现其功能，是利用电子的粒子性来工作的。人们研究和开发纳米技术的目的，就是要实现对整个微观世界的有效控制。

服务机器人

自改革开放以来，人们生活水平不断提高，家庭里"几大件"已从彩电、冰箱、全自动洗衣机，换成了电脑、移动电话，不少年轻人开上了自己的汽车，这些变化不只显示了人们的富有，更重要的是提高了人们的生活质量。

联合国欧洲经济委员会和国际机器人联合会于 2001 年发表的一份报告中指出：今后 10 年至 15 年，家庭用机器人将可能像今天的电脑和移动电话一样普及。

诚然，目前我国还属于发展中国家，与发达国家相比，人民的生活并不富裕，但有一点请不要忘记，我国自己研制的机器人的成本远比国外的低，有的仅是同类产品的几分之一，这样，我们可以相信在不久的将来，我国的普通家庭里会有"机器人"。

目前，服务机器人已暂露头角，种类繁多，显示其具有广阔的应用前景。

护士助手机器人

最早开发服务性机器人的是恩格尔伯格先生，他是最早的机器人专家之一，享有"机器人之父"的美誉。1958 年他建立了 Unimation 公司，1985 年研制成护士助手机器人，1990 年开始出售，目前在世界上几十个国家医院投入使用。它是自主机器人，只要编好程序，就可以完成医院内多项工作：送医疗器械和设备；送试验样品和结果；送药、送饭、送病历……它的行走部分由行驶控制器和多个传感器组成，由于它具有全方位触

机器人医生助手

觉传感器，则保证行走中不会与人相撞，在走廊利用墙角定位；在较大空间则利用专门设置在天花板上的反射带，由向上观察的传感器定位。1997 年护士助手开始在英国 Northwich Park 大型教学医院试用，据统计，机器人每天工作 18 小时，每周工作 7 天，大大提高了这方面的工作效率。它的体积是 900 毫米×800 毫米×1400 毫米，质量 16 千克，载重 45.4 千克，行进速度 61 厘米/秒。

导盲机器人

蓝天、白云、青山、碧水，嫩枝上开着绚烂的花朵，大自然给我们展开一个五彩缤纷的画卷……然而在一些朋友的眼底，却永远是黑暗的世界，他们看不到太阳的七色光，看不到母亲的容貌，目盲给他们的生活带来极大的不便，这样的盲人朋友遍布世界的各个角落。

科学发展到今天，我们有责任，也有能力帮助他们，尽管目前还不能给他们恢复光明，但应尽最大可能给他们解决生活上的不便。为解决盲人朋友

导盲机器人为盲人引路

出行困难，日本研制的"导盲犬"机器人应运而生，它以蓄电池作动力源，并装有电脑和感觉装置，可以不断地检测路标，带领盲人绕过障碍物前进。

在此基础上，日本又开发了更高级的导盲机器人，应用电脑环境识别技术，在通过耳机问清使用者目的地之后，就能通过摄像机和传感器识别周围环境、人行道及交通信号灯等，越过障碍将使用者引导到目的地。机器人外形像一辆手推车，使用者只需要跟在后面。其速度为3千米/小时，尺寸是长1米、高1米、宽60厘米。其不足是机器人目前上、下台阶还不够自如，有待于改进和提高。

导游机器人

以前我们去博物馆、科技馆参观，总有手持话筒的工作人员向人们讲解、宣传，而现在在日本本田公司本部一楼展厅做导游工作、介绍商品的却换成了新型 Asimo 机器人。Asimo 是两足机器人，可以完成许多复杂的动作，彩色的头部、胸部、漂亮的嘴和眼睛，很是楚楚动人。更引人入胜的是，它具有语音识别功能，能回答 50 种不同的提问，如"请问你的出生年月日"、"为什么取名 Asimo"，还能对 30 种语言口令做出动作，如"向右转"、"鞠躬"等。

导游机器人"灵灵"

应当指出的是，虽然目前 Asimo 只用于公共场所导游、宣传，但是设计者认为它完全可以应用于危险环境的工作。

与别名"钢领"的工业机器人相比，中国科技馆展出的我国导游机器人"灵灵"就显得更温柔、幽默，长着红嘴唇、黑眉毛，不时用微笑迎接着参观的人们。它可以自主无缆行走，还能随场景变化向参观者进行讲解，如果你挡了它的路，它会说"劳驾"。它有避障功能，可以绕过你继续前进。

"灵灵"质量 60 千克，长、宽为 70 厘米，高为 140 厘米，由蓄电池供电，一次充电可工作 4 小时，是由海尔—哈尔滨工业大学机器人公司研制的。

"灵灵"除了做导游，还可以在医院帮助护士送药，在餐厅帮助服务员送食品等。

轮椅机器人

目前，我国已进入老龄化社会，60 岁以上的老人已占人口总数相当大的比例，我们经常可以看到行动不便的老人乘坐轮椅，由别人推着缓缓前行。这种轮椅使用起来有很多不便之处，特别是还需要别人来推，如何使用高科技，进一步改善它，以提高老年人的生活质量，就成了一个迫切的课题。

中国科学院自动化研究所研制成的"智能轮椅"，头上长着"眼睛"——装有摄像头，并装有超声波反应器和微电脑，可以通过语言交互（例如通过麦克风）、聋哑人头部姿势或者手语指令来控制其运动，能识别 6 米以内的障碍物，能及时转弯或后退，还能爬 45° 的斜坡，在家庭环境里走一遍，就能记住环境，比如按指令去卧室或客厅。

轮椅型机器人

康复机器人

当你清晨梳洗过后，吃过早点，轻松地踏上上学或上班之路时，你肯定觉得这一切非常平常，你可能不曾想过，这一切会使另一些朋友投来多么羡慕的眼光，对你这种轻松自如的生活，他们是多么向往，甚至是终身可望而不可即的，这就是我们的残障朋友们。

为帮助并提高残障人们的生活质量，英国研制出"Handy I"康复机器人，是目前世界上最成功的康复机器人。最早是针对一个患脑瘫的 11 岁男孩设计的，是用现成的机器人改进的，选用了 5 个自由度带手爪的 Cyber 机器人臂，人机接口是一个扩展了的键盘，也就是说男孩用键盘操作机械手臂，经过反复试验，男孩在机械手爪的帮助下，竟然独立地吃完了第一顿饭！令男孩家长和机器人研制者惊叹不已。

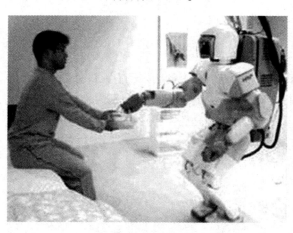

辅助康复的机器人

研制者们没有满足已有收获，又研制出了 Handy II 型，通过一个光扫描系统，使用户可以在餐盘中选择食物，即把盘中食物分放到几个格中，从后面投来光线进行扫描，当光线扫描到用户想吃的食物时，只要按键启动 Handy II，一勺食物即会送到口中。

Handy I、Handy II 的餐盘是放在一个托盘上的，为了扩展 Handy I、Handy II 的功能，生产了 3 种不同的托盘，即吃饭/喝水、洗脸/刮脸和化妆托盘，以适应用户的不同要求。

Handy I 这样的机器人，可以提高残障人生活的自主性，受到世界瞩目，现在世界范围内已有英、美、日、法、德国等 100 多位残障人使用它生活，相信这种机器人会有很大的市场前景。

服装设计机器人

随着生活水平的提高，我国人民逐渐讲究起服饰来了，鲜艳多姿的服装更衬托着人们对美好生活的向往。服装设计是一项技术性复杂的工作，甚至在服装学院还专门设置了专业，除了必需的基本知识，更需要丰富的经验。因此，服装设计师也成为令人瞩目的职业。然而今天，这些引以为骄傲的服装设计师们却受到了最大的挑战，服装设计机器人诞生了。它的诞生地是哈尔滨工业大学群博智能机器人研究所。

通常设计制作服装，需要用大脑思考、用手（或机器）剪裁缝制。服装设计机器人同样具有"脑"和"手"，人们只需要把大量的服装式样储存在微电脑控制的"大脑"里，给

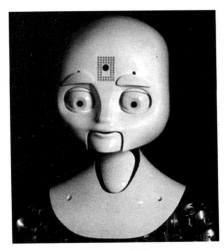

服装设计型机器人

出必要的数据，机器人就可以进行智能的分解和测算，准确地给出剪裁的数据，然后利用机器人的"手"自动将预先放在轨道上的布抽出，进行剪裁和缝制，甚至你可以把你想象中的服装式样绘成图片，扫描进入机器人的大脑，同样可以得到满意的新款服装。由于依靠机器人内存的计算机辅助设计的能力，丝毫不懂服装设计的人，也能"设计"出精美的服装。

这种技术原来只有日本、法国掌握。这类机器人我国靠进口，一台大约需56万人民币。专家分析，哈尔滨工业大学的这种智能机器人，完全达到了世界前沿水平，而成本大约只需6万元人民币。我国是一个大国，人口众多，相信这种机器人的市场将是广阔的。

厨师机器人

常言道"民以食为天"，"人是铁，饭是钢，一顿不吃饿得慌"，但是一日三餐的准备和制作却给人们带来很大的麻烦和辛劳，尽管现在厨房里有了电饭锅、微波炉……因为这些设备都只具有单一功能，仍要人们花不少时间去操作。香港发明家黄万党经过10年的研制，终于制出"机器人厨师"，只要把一张食谱放入电炉，这个厨师就可以奉上一顿丰盛的佳肴。

它的主要结构是一个电脑微处理器、一个变速箱、一只电锅和一个记忆

厨师机器人

卡，体积只有烤面包箱那么大，质量约23千克，煎、炒、炸、烧等功能一应俱全。

用的时候，用户只要把切好的食物材料装入分隔器中，插入记忆卡，它就能在适当的时刻将应放的食物材料放入，并加上适当的调料进行加工。

用这种机器人大大缩短了做饭的时间，减轻了人们的劳累，特别对"围着锅台转"的家庭主妇有着很大的帮助，提高了人们的生活质量。

餐厅机器人

每当我们去餐厅吃饭，进门后会有服务员接待，送上菜单，而在美国加利福尼亚州的一家餐馆里，迎接客人的却是机器人。当你随便坐到一个餐桌旁，机器人立刻就会主动前来，礼貌地打招呼，伸出手臂送上菜单，并说"请点菜"，当你点好菜后，它会回到厨房让厨师做菜，厨师做好后，它会送到餐桌上，用餐过程中，还不时来关照一下，餐后，它会主动来结账。一个机器人可以服务5个餐桌。第一次来的客人往往被弄得目瞪口呆，这是怎么回事呀？原来餐厅的每个餐桌上都设有传感器和标记，客人一来，传感器就通知机器人，而机器人身上也有传感器能"看到"每个桌子上的标记，于是便能主动到餐桌服务了。

餐厅服务型机器人

机场分检机器人

机场旅客行李分检工作，是一项费时费力的工作，工作人员要按行李上标签的航班和到达的机场进行分类，逐个分送到各传送带上，而且飞机在机场停留时间有限，所以工作时间紧迫，更加重了劳动强度。目前世界各国机场绝大多数还都是人工分检。而英国伦敦希斯罗机场却是另一种景象：行李分检处看不见身强体壮的分检员忙碌，只见"机场机器人"利用计算机识别每件行李上的标签，发出指令，机器人的机械手自动抓住行李箱，分放到相应的自动传送带上，再送到不同的集装箱里等待送上飞机。机器人每秒钟能分检一件行李，比原有分检系统提高效率 3 倍以上。

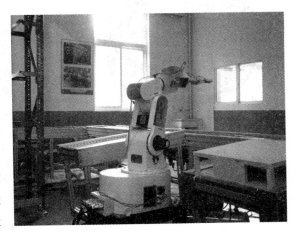

机场分检机器人

不过，目前还是半自动化系统，还需要少数工作人员辅助。

清扫机器人

"佳仆"是巴黎地铁站的一名清扫工，上工时和其他工人一起上班，很"自觉"地走向自己的岗位，在车站内进行刷洗、吸尘、喷洒消毒液。当迎面走来一位旅客接近它时，它会停下，旅客过去，又继续工作。只要在站台内走两个来回，就把地面打扫得干干净净，之后还能很负责地把工具放回壁柜，在场人一看表，只用了 5 分钟。这时候，机器人停下来，等待召唤。只要工人一声令下，它又会随工人乘地铁去下一站工作。如此忠实的清扫工是法国开发的一种机器人。它遇到旅客时之所以会停下，是因为设计者为了安全有意为它设计了避障功能。

机器人吸尘器

吸尘机器人

香港城市大学智能设计、自动化及制造研究中心，开发出吸尘机器人，是为医院病床床下吸尘设计的。为适合床下走动，机器人身材矮小，动作灵活，一经调好时间按钮，它就在床下四处走动吸尘，机身和机顶装有感应器，一旦走出床底范围或碰到墙壁立即退回，继续工作。

收集垃圾机器人

在一些城市里，每天定时有收垃圾的车巡回，听到工人的铃声，人们会把自家的生活垃圾送到车上。今天在日本已有收集垃圾的机器人，不过只在建筑物或公司办公大楼里收办公垃圾。在办公大楼里，人们常见到这位新的成员：尺寸为长 96 厘米，宽 58 厘米，高 98 厘米，体形并不漂亮，简直就像个垃圾箱。它凭着脑子（电脑）中储存的大楼和各办公室的地图，借助大楼墙上专门给它贴的条码或标记行走，还会发出"收垃圾了"的通知信号，提醒人们来倒垃圾，收满垃圾之后，会自动将垃圾送到垃圾存放处去。

它是一个自律型机器人，工作起来还必须与具有通信功能的电梯和垃圾存放处相配合。

收集垃圾机器人

交警机器人

众所周知，在城市里，交通事故时有发生，其结果会造成车辆损坏、人员伤亡、交通堵塞、环境污染等一系列问题。据美国交通部披露，美国每年因交通事故所造成的经济损失达 1 000 亿美元，如何减少事故造成的时间延误和经济损失，是美国（包括其他国家）需要解决的问题。

美国加利福尼亚州，正在研制一种机器人交警队员，取名"ATONS"，每当出现交通事故时，让 ATONS 先去现场处理，以减少处理时间。

在马路上，设置足够的摄像头和声波传感器，组成监视系统，随时监视路面情况，再由宽带通信系统把信息传输到

交警机器人

控制中心，中心再传给每个 ATONS。当出现事故时，中心立刻派遣最近处的 ATONS 前去处理，进行执法。据称，美国将投入 300 万美元开发这一系统，两三年内可以使用。

消防机器人

消防机器人

常言道：水火无情。特别是在人口密集的城市，一场大火，能够把人民财产毁于一旦。北京现在高层建筑林立，据了解，高楼的防火问题尚未解决，虽然采取了多种措施，但仍缺乏实践检验。在救火中，消防人员受伤、牺牲的事时有发生。为

更有效地灭火、保证消防队员的安全，研制消防机器人就迫在眉睫了。

家用消防机器人

美国正在研究一种家用消防机器人，它是用一种红外线和紫外线混合的传感器来探测火焰。为了预防火灾，事先在每个房间都设有烟警器，当烟警器响起时，它立刻做出反应，以最快的速度、最短途径到各房间进行检查，一旦发现哪里的红外线辐射水平高出常值时，就会进一步检查，如发现火种，就会用随身带的灭火器将其熄灭。经过试验，获得成功。

目前，由于这种机器人不会爬楼梯，楼房里必须每层设置，预计将会逐步完善，一两年后即可实用。

家庭消防机器人

我国的家用消防机器人研制工作也在进行。2000 年 11 月，在中南大学进行了一场机器人灭火比赛，在建筑物模型的一个小房间内放置了一根燃烧的蜡烛，比赛时，要求机器人在最短的时间里找到蜡烛，并立刻用自己头上的风扇将其吹灭。选手们使用统一的智能机器人平台，自己编写运行程序。这虽然是个简单的模拟比赛，参加的也只是中小学计算机高手，而且机器人也只是一个个雏形，但正如比赛组委会负责人所说，家用机器人是一个方向，相信在不久的将来，会有很大的发展。

遥控消防机器人

日本在这方面起步较早，20 世纪 80 年代就制成两种遥控机器人，并且投入使用。由于现场救火具有很大的危险性，设计者选择了距火场一定距离遥控灭火的方式，1986 年投入使用的是履带式的，每分钟能喷出 3 吨泡沫或 5

吨水，速度为 10 千米/小时；1989 年研制成功的一种，是由喷气发动机驱动前进，专门供狭窄隧道或地下区域灭火，特点是在灭火时，其喷嘴能把水转变成高压水雾喷向火场，其体积为 45 厘米×74 厘米×120 厘米。

英国于 1998 年也投入使用一种命名为 JCB165 的灭火机器人，机器人在火灾中心作业时，操纵者可在 100 米之外遥控，其体形像一辆叉车，由柴油机驱动。为了增强耐力，采用了实心橡胶轮胎，可以前进或后退，速度为 18 千米/小时，可在 800℃高温下工作。机器人顶部有摄像机，可以将现场图像传给百米之外的指挥者。机器人具有一个大的机械臂，臂端安装各种灭火工具：叉子、铁锹等等，还有用液压系统控制夹取物体的夹子，以便必要时从火灾现场夹起一些危险品，使之远离火种。机器人带有水箱，也可以就地取水灭火。

爬壁机器人

人在水平面上行走或工作，相当灵活自如，而要在垂直于地面的壁面上行走，就十分困难。但是，随着科学技术的发展，生产和生活中要求人必须完成在竖直平面上的作业，例如，放射性物质储罐和大型煤气球罐焊缝的检查、消防急救工作、高层建筑墙壁的清洗等。又如，我们常看到消防队员借助楼房的雨水管向上攀登、腰缠安全带的所谓"蜘蛛人"在高楼墙面上擦洗玻璃，这样的工作不仅效率低还相当危险。

随着科学技术的发展，爬壁机器人应运而生，用机器人代替人在竖直平面上工作，既避免了危险性，又能提高工作效率。对爬壁机器人的技术要求是：既要

能爬墙的机器人

能牢固地吸附在壁面上，又要能行走移动，这是爬壁机器人必须具备又相互

矛盾的两项功能；其次，由于墙（或罐壁）不可能是完全光滑的，总会有凸起和沟缝，因此要求机器人有跨越的功能；壁面一般都很高，要求机器人能够做到遥控；适应高空、室外工作的特点，要求机器人的执行机构（如清洗机构）和控制机构做到重量轻、体积小。

目前，爬壁机器人与壁面间的吸附原理有以下 3 种：

（1）对于导磁的壁面（如金属大罐）是应用电磁吸附原理，即利用永久磁铁或电磁铁与导磁壁进行吸附。日本曾开发出多种磁吸附爬壁机器人，其行进方式有车轮式、步行式、吸盘式、履带式等。

（2）对于不导磁壁面，如不锈钢焊接大罐、高层建筑玻璃幕墙、瓷砖墙面等，可以用真空吸附（负压吸附）原理。

（3）对于不导磁壁面，可以采用的另一种吸附原理，就是利用航空技术。我们知道，在飞机前面装一个螺旋桨，螺旋桨转动产生拉力，就可使飞机前进，如果把螺旋桨装在飞机后面，就会产生向前的推力，推动飞机前进。

近年来，我国城市建设速度加快，高层建筑如雨后春笋一般拔地而起，为了维护城市面貌，建筑物壁面的清洗问题提上了日程，北京市政府也提出建筑物表面必须定期清洗的要求，这将给爬壁机器人的发展提供了广阔的前景。

工程机器人

随着经济建设的发展，野外施工工程项目日益增加，铁路、公路的建设与维修，高压输电网的建设，油气管道的铺设与维修……这些工程的特点是工作带有一定的危险性，野外作业，劳动条件差；多为重复性劳动，体力劳动繁重。怎样能将人们从这些沉重的劳动中解脱出来，就成了世界各国急需解决的问题。于是就先后出现了一些野外工程机器人。由于这些作业性质千差万别，所以这些机器人往往是专用的，即针对单一工程要求的。机器人的工作环境处在野外，从而对机器人的研制带来很大困难。

工程机器人有架空线检查机器人、高压线作业机器人、爬缆索机器人、换铁轨机器人、"穿地龙"机器人、挖掘机器人、铺设光缆机器人、水中涂装机器人、喷浆机器人、清洗飞机机器人和管道机器人。

架空线检查机器人

在电力工业发展的今天，不论在城市还是在原野，举目望去，到处是架空线，显而易见，这些架空线要靠人力检查，不仅困难，而且还会给施工人员带来危险。日本研制出的架空线检查机器人，由控制装置和机器人本体两部分组成，控制部分放置于地面上，包括电脑、显示器、伺服控制

架空线检查机器人

器和通信设备，本体上装有带传动装置的驱动马达、摄像机、电池等，本体靠3个轮子夹在架空线上。这种机器人的特点是：控制器与传动装置之间、摄像机与图像接收器之间的信息传递都是无线的，从而使机器人本体做到了体积小、重量轻，长度仅为500毫米，机器人通过前后平衡器可以改变重心，沿架空线螺旋移动，以躲避线上的障碍物。由于采用电池供电，而电池容量有限，使得机器人的行走距离受到一定限制，还有待于提高。

高压线作业机器人

配电工程中带电作业是很危险的，特别是在架空配电过程中，要求不断电的情况下，连接、切断高达6 600伏的高压配电线，为了防止触电，操作者不得不配备胶靴、橡胶手套、垫肩等绝缘装备，工作起来十分笨重，准备起来也费时费力。

高压线作业机器人

日本开发出一种质量22千克的机器人，与架空线检查机器人相似，被放置在高压线上，可以远距离遥控作业，机器人可以全自动剥开绝缘皮层，连接起剥光的电线，并紧固线夹，一次连接工作仅需15分钟。

爬缆索机器人

目前，世界上现代桥梁不少采用了斜拉桥的形式，我国现有斜拉桥200多座，比如近年完成的长江南京二桥等。其他大型建筑，如上海浦东国际机场、虹口体育场等，也采用了斜拉桥结构。斜拉桥结构带来一个棘手的问题

是，这些缆索的检测、涂装非常困难，沿用过去人工方法，不仅工作效率低，而且相当危险。上海黄浦江大桥工程建设处与上海交通大学联合研制成的"缆索机器人"解决了这一问题。

该机器人由机器人本体和机器人小车两部分组成，机器人本体可沿斜缆索爬升，自动完成检查、打磨、清洗以及涂装等工作，地面小车则负责向机器人本体供水和涂料，并监控机器人本体在空中工作情况。机器人可爬高160米，缆索角度为0°～90°，可适应直径为90～200毫米的缆索，爬升速度为8米/秒。系统具备一定的人机交互功能，能在空中判断风力大小等环境条件，并能采取相应措施。

爬缆索机器人

换铁轨机器人

火车是一种重要的交通运输工具，特别是在幅员辽阔的我国，铁路是主要的交通命脉。在火车运行中，铁轨的累积载重和磨损都相当严重，为了保证运输安全，就必须定期更换铁轨，而铁轨是由螺栓固定在枕木上的，螺栓的布置相当密集，大约每100米铁轨上就需布置300多个，换轨时，拆、装螺栓的工作就成为艰苦、单调、重复的体力劳动，长期以来，成为铁路工人

烦恼的问题。

美国人 M. Trivedi 设计了一种机器人，外形很像一把扳手，工作中，一发现螺栓，就会停在它的中心位置，把螺栓拧下来，这些"小扳手"被固定在一个工作母机上，由母机带动沿铁轨行进，当工人换上新轨之后，它们就会靠视觉系统找螺栓，并把螺栓拧在应有的位置上。

日本中央铁道公司大约有 2 000 名工人在 Tokaido Shinkansen 铁路上从事维修工作，其中更换铁轨是重要的一环。为解决这繁重的体力劳动，日本中央铁道公司与 Ishikawajima-Harima 重

正在换铁轨的机器人

工业公司合作研制出一种机器人，用来拆除和拧紧固定铁轨的螺栓。这种机器人装有发电机，是自走型机器人，机器人沿铁轨行走，装在它上面的传感器能检测到螺栓，用手臂拆卸或拧紧螺栓，据实测每分钟能拆除 17 个螺栓，可使换轨工作效率提高 30%，但该机器人价格昂贵，一台约合 70 万人民币。

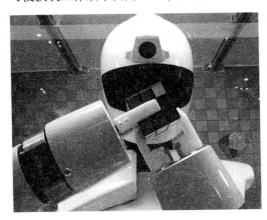

钻地机器人

我国是铁路运输大国，设计研制适合我国国情的同类作业机器人，应当说是一项急需的任务。

"穿地龙"机器人

随着城市建设的发展，地下铺设的已不仅是自来水和暖气管道，还增加了天然气管道等，特别是为了提高人民的文化素质，享受高速语音和数据

通信提供的服务，近年来，又增加了光缆的铺设。为了检查这些管线，我们经常会见到好端端的水泥马路被挖开了又填上，特别是在严寒的冬日里，民工奋力挥镐下去，也只能挖开一点点路面，效率极低，还造成行路困难，有路人戏称曰"真不如给马路装个'拉锁'，比挖填方便"。

为解决不挖开道路铺设各种管线问题，哈尔滨工业大学开发出一种"穿地龙"机器人，使用时，在地面遥控台遥控、检测机器人在地下的工作情况，控制它按预先设计的路线行进。机器人能检测障碍物，自主避障，可用于各种直径、各种管线的铺设，不需要挖辅助作业坑，没有环境污染问题。这是我国不开挖技术一项重要成果。

挖掘机器人

挖掘机器人

日本电话公司（NTT）开发出一种机器人，可以代替人在地下进行挖掘，开出隧道，安装电缆。该机器人由一个挖掘模块（半径35厘米，长270厘米）和一个盒状主机（长258厘米，宽140厘米，高270厘米）组成，工作时，主机需埋在地下，通过地上电缆进行工作，挖掘过程中，挖掘模块通过震动挖开土壤，甚至硬土。据测试，利用这种机器人挖掘与用传统设备相比，可提高工效三分之二，降低成本二分之一，更主要的是免去了露天挖掘引起的交通堵塞和环境污染。

铺设光缆机器人

在城市里，与各种地下管道为伍的是下水道，利用下水道解决光缆铺设问题是一位曾担任过废水循环处理的美国工程师偶然想到的，这一灵感居然解决了人们长久以来头痛的问题。

2001年3月，美国新墨西哥州传来喜讯，一个叫做"下水道进入模板

（SAM）"的防水机器人诞生了。SAM 是一个长 3 英尺（0.914 米）、圆柱形的细长机器人，在下水道里活动自如，防水性极好，可以在 4 米深的下水道里铺设光缆，现已经在阿尔伯克基市开始使用。由于机器人个头小，加之它不具备嗅觉，再狭窄、再恶臭的下水道，它都能进出。但至今问题

会铺设光缆的机器人

解决得还不够十全十美，机器人还不能完全独立工作，还要靠人帮忙，机器人需要人送进下水道口，帮助它完成光缆接头工作；作业时还必须有 3 名工作人员监视它的工作进展情况。到目前为止，SAM 比人工挖掘铺设提高效率 60%，大大改善了工人的工作条件和环境。

水中涂装机器人

由于工程需要，常常要在河湖沿岸或水中设置管道或其他建筑物，例如码头上的一些装置。而对这些结构表面的保养、涂漆，始终是非常困难的工作。如果动用潜水员或是依岸搭建脚手架，不仅费用高而且操作者工作时相

水中涂装机器人

当危险，英国发明了一种机器人，能在水中自动进行涂装，这种机器人能在两个方向转动，对直径 610～787 毫米的管道各部位进行涂装，最深能达水下 15 米。当机械手臂换上其他工具，还可以对其他形状的构件进行涂装。

清洗飞机机器人

伴着发动机的轰鸣，大型飞机掠天而过，银色的机身在阳光下闪闪发光，甚是壮观。但是要保证飞机永远清洁美观，却不是一件容易的事，飞机飞行过后，不仅表面有尘埃，表面的盐类还会腐蚀机体，必须定期清洗。而飞机外形复杂，特别是像波音747等一些大型飞机，结构庞大，要靠人工用刷子清洗，谈何容易。目前世界上多数国家还都是人工清洗，据称，一架波音747，需要95个工时，而为此，飞机必须在地面停留9小时，极其费时费力，而且工人劳动强度也很大。

日本航空公司与川崎重工业公司联合开发了自动清洗飞机的机器人系统，从1990年开始在东京国际机场使用，主要用于波音747等大型民航机。机器人由主体、监视器、中央控制站以及给水（包括洗净液）装置组成。外形尺寸：高20米，长100米，宽80米。主体是一个大型框架，框架上配

清洗飞机机器人

置16台清洗器，清洗器上安装6种不同形状的清洗刷，刷子的形状是根据飞机被清洗的部位设计的，清洗时，用牵引车将飞机牵引至框架内，用经纬仪测量飞机的位置，用其与基准值的误差修正清洗数据，然后开动机器人进行清洗。场内设有监视器，监视清洗情况，共需5名工作人员进行监视。清洗一架飞机只需90分钟。

与日本清洗方式不同的是德国普茨迈斯特等3家公司开发的"清洗巨人"（SKYWASH），是由两套计算机和一个关节臂型机器人控制清洗飞机，其机械臂向上可伸高33米，向外可伸出27米。清洗时，两台机器人分别安置在飞机两侧进行清洗。先把不同机种的外形尺寸输入微机进行编程，工作前用激光摄像机确定飞机位置，将信息输入计算机与所储存飞机尺寸进行比较，以

便对机器人定位,然后用液压马达放出机器人支撑脚,开始清洗。目前在德国法兰克福机场正式使用,洗一架波音747需12个工时,飞机为此需滞留地面3小时。研制者不满足于已有成绩,拟将其作为试验平台进行研究,扩大其使用范围,如对飞机进行涂漆、喷漆、抛光,甚至进一步用来清洗过街天桥、高大建筑物窗户等。

以上两种机器人,因为都是针对波音747等大型飞机设计的,外观尺寸都很大,是目前世界上最大的机器人。

喷浆机器人

每当我们乘火车经过长长的隧道时,都会惊叹工程的浩大和当年建设者的艰辛。是的,单就隧道主体建成后的喷浆工序(向隧道壁、顶喷射混凝土)来说,就是既劳累又危险的工作。由于人工喷射时,将近一半的混凝土要回弹,浪费大量原材料,还严重威胁操作者的安全,因为操作者被迫不敢抬头正视工作面,影响工作质量,虽然现在用喷浆支护

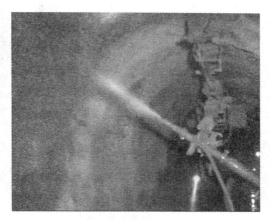

喷浆机器人

的方法,但仍不能解决以上问题,国外从20世纪60年代起,就改用机械手喷浆。目前,我国全部用进口机械手,价格昂贵,每年需要耗费大量外汇。

山东科技大学研制出矿井用喷浆机器人和大型喷浆机器人,并通过验收,从2000年5月开始,先后用于济南高速公路隧道和西安—合肥铁路隧道施工。与传统方法相比,它有明显优越性:首先,保证了施工者的安全;其次,可以减少原材料损耗,提高了工程质量和效率。

管道机器人

日常生活中,在我们居住的小区或者大院里,地下埋有自来水、天然气、

暖气管道，在油田，更有粗细不等、长短不一的输油管道，这些管道往往由于它的尺寸、所处环境（如埋在地下）、内装介质（如天然气、石油、高温热水等），不可能或不允许人们直接进入。这些管道的检查、维护十分困难。我们常常可以看到为了找一个管道焊缝的裂口，工人要挖开很长的一段路面，非常费时费力。随着生产和生活的现代化，人们使用的管道大量增加，这就给管道机器人的开发创造了契机。而当前高科技的发展，计算机、通信、传感器、自动控制理论等技术的突破，也给管道机器人的崛起创造了前提。

管道清洗机器人

国外管道机器人起步于 20 世纪 60 年代，70 年代法国较早进行管道机器人理论研究和样机的制造，80 年代以后，日本逐渐走在前面：日本冈田研制的 M－GRER管内机器人适用管径 132～218 毫米；福田、细贝研制的管内检测机器人可通过 L 形弯管道，由本体和头部两部分组成，用 4 个红外传感器感知识别弯头的位置和方向；"猎狗200 型"机器人用于管道 X 射线探伤。

近年来，微型管道机器人已成为国际研究的热点，即能在管径小于 20 毫米管道中工作的机器人，用于微型管内探伤、医学肠内窥视等。日本 Nippon-denso 公司研制的管内探伤机器人，直径 5.5 毫米，长 20 毫米，质量 1 克，可以在直径 8 毫米管道中作业，最大运动速度为 10 毫米/秒。仿蜘蛛垂直爬管微型机器人是由德国西门子公司研制的，分别有 4、6、8 只脚 3 种类型，利用腿推压管壁来支撑本体。仿蚯蚓运动模型的管道微机器人，像蚯蚓一样，身体分成几段，最大速度 2.2 毫米/秒，可在直径 20 毫米的管道内运动。

最大的机器人

1993 年，美国史蒂文·斯皮尔伯格的安布林娱乐公司制造出一台长 14 米、高 5.5 米、重 4 082 千克的机械恐龙，名叫霸王龙国王，是为拍摄《侏罗纪公园》而制造的。它是由泡沫橡胶和聚氨酯做成的，大小和真的恐龙相仿，也是为拍电影而制造的最大自动机械。

空间机器人

随着现代科学的发展，人们对地球以外的空间和其他星球探索的欲望更加强烈，但是由于太空与地球的环境相差甚远，比如火星上寒冬时昼夜温差可达 120℃，而金星表面温度为 460℃，因此把真人送上太空的经济耗费和危险性都是相当高的，于是人们想到在真人进行探测之前，先派机器人捷足先登。同时，在太空进行飞船修理、回收工作的宇航员也冒着长期失重、骨骼软化等各种危险，也急需机器人代替，因此发展空间机器人势在必行。由于空间机器人要在太空工作，条件恶劣，在研制中就必须达到比对地面机器人更苛刻的要求，如要求重量轻、发射成本低、能抓取超过自身重量的物体、能承受发射过程中的振动等。

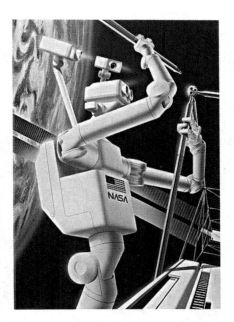

空间机器人

争相登月

月球是人们首选的探秘对象，美国、日本、欧洲、俄罗斯等国都在加紧研究，到目前为止，只有美国人真正登上了月球，俄罗斯把机器人送上了月球。

美国设想用"诺曼德探险者"号大型月球车来代替空间站。该月球车上装有机器人臂，用来在着陆后把月球车与电源拖车连在一起，以解决月球车的能源供应，电源拖车包括燃料电池和太阳能充电系统。该机器人臂也可用来着陆后平整土地，供安顿月球车。

2000年下半年的一天，在我国清华大学某试验室，正在进行"机器人遥控操作系统"的试验表演，只见工作人员操作把手，屏幕上模拟太空中的机器人会听指挥运动，几秒钟后，另一个房间真的机器人手臂就会进行同样的动作，这相隔的时间恰恰是地球与月球信息传递的时间。而这个"遥控操作系统"正是太空机器人成功的关键，这就说明，我国的登月工作在扎实地进行，中国机器人登上月球为期不远了。

挺进火星

在火星上采集标本的机器人

长期以来，火星对人类来说还是个谜，如火星气候条件如何，是否有生命存在等，尤其人们对火星上是否存在水有很大的争议。一种意见是根据美国拍摄的火星照片上，有类似洪水泛滥留下的冲沟，认为这是由火星上地下水喷发造成的，因此表明火星上有水；另一种看法是认为火星表面温度很低，即使有水也将凝固……为解开这些谜团，各国相继研制机器人挺进火星，为人类探索新的资源。

早在 1976 年，美国海盗 1 号、2 号飞船就登上了火星。20 年之后，1996 年 12 月 4 日"探路者"飞船首次携带机器人——索杰纳火星车，经 7 个月的飞行，于 1997 年 7 月 4 日在火星登陆。索杰纳体积小，重量轻，工作灵活，原计划工作 7 天，实际却工作了 3 个月。之后美国国家航空航天局又继续研制出 Rocky 7 和 Rocky 8——智慧女神"雅典娜"，使火星车性能逐渐完善。

近期美国研制出一种小型机器人，样子像一辆自动倾倒的铲土车，具有立体摄像机，可以拍摄 360°的全景视界。这种小机器人的特点是可以小组集体行动，研制者拟用以挖掘火星表面土地。

瑞士科学家也不甘落后，正在设计一种球状机器人（直径约 2 米多），取名"风滚草"，由于体重轻，可以借助风力在火星表面滚动。更有趣的是，这种机器人能随温度改变形状，在白天较高温度下呈平面状，便于内部的太阳能传感器对火星地表进行研究；到夜晚温度较低时自动恢复球形。利用这种机器人勘测火星表面地形，以便为太空探测器寻找合适的着陆点。

蛇形机器人

众所周知，眼镜蛇和响尾蛇不仅有剧毒、杀伤力强，而且运动灵活多变。近期，美国国家航空航天局宣布：他们研制了一种外形与眼镜蛇和响尾蛇非常相似的蛇形机器人，用于星际空间的探测工作，预计 3 ~ 5 年内投入使用。

这种机器人与以往的同类相比，其优越性在于行走方式上，以前用轮子行走的机器人，遇到粗糙或陡峭的地形常常被绊倒或卡住，而这种机器人体形呈节状，能在任何粗糙的地面上行进自如。

目前，这种机器人身体各部分靠电线连接并传达信息，控制各关节的运转，研究者认为尚需进一步完善，制成

蛇形机器人

真正的机械蛇。

我国国防科技大学研制出一种蛇形机器人，依照仿生学原理，全身分若干个节，其电机和控制系统配置在蛇身各节上，均匀合理，蛇头为控制中心，配有视频监视器，可以将前方的景象传到后方电脑中去，供操作人员观察，以便酌情发出遥控指令。机器人长 1.2 米，直径 0.06 米，重 1.8 千克。运动以波动为主，像蛇一样扭动身体，实施前进、后退、拐弯和加速等动作，最快速度达 20 米/分。目前设计者认为其除了可用于在狭小危险条件探测外，还能在辐射、粉尘、有毒，甚至战场环境中进行侦察。应当说蛇形机器人与以往用轮子或步行的机器人不同，实现了"无肢"运动，是机器人运动方式的突破，可以作为一个研究平台，进一步试验研究，相信这种机器人在空间探测方面具有广阔的应用前景。

太阳能机器人

为了解决登陆火星的能量问题，美国已研究利用太阳能做能源的机器人。机器人利用太阳帆板追踪太阳而获得能量，能够昼夜不停地工作。一种名叫"亥伯龙"的 4 轮机器人已经诞生，样机基本参数为：2 米长，2 米宽，3 米高，质量 120 千克，太阳能帆板面积 3.5 平方米，能产生 200 瓦电功率，一天可探索 20 多千米。这其中最大的问题是一旦电池板偏离了正常位置，将得不到电能，以前曾多次发生探测飞船因失去电能而失灵的事故。为此，研究者又开发了"太阳能同步器"，应用于"亥伯龙"号上，就是使机器人可以测定自己的方向和太阳的位置，随时找到最适合吸取太阳能的位置，即像葵花一样，永远朝向太阳。目前为止，"亥伯龙"还是样机，有待实验考核，专家预言，如果这种机器人研

太阳能机器人

制成功，可以在火星（或其他星球）上工作好几年。

宇航员的助手

为了提高宇航员在空间工作的效率，需要配备助手，美国正在研制一种能在航天飞机或空间站内飘浮的小机器人，其大小像个垒球，具有避免与其他物体相撞的系统。它们绝不会碰撞宇航员，能够自动监控生命保障系统和快速拍照，如传感器失效，

宇航员的助手

它还能立刻接替监控工作，具有可视通话能力，使宇航员与地面科学工作者通话。通常它们被装在飞船内，单等宇航员一声召唤（启动），就出来工作，由于其体积小，可以到宇航员达不到或不适合去的空间工作。

机器人宇航员

空间站和宇宙飞船中的宇航员，有不少重复性的烦琐工作，例如整理工具、固定保险带等，需要配备助手来完成。美国航空航天局正在开发一种有手指的机器人宇航员，外表酷似真人，具有头、躯干、臂膀，摄像机当做眼睛，最为突出的是它有一双灵活的手，有拇指和四指，动作自如，腕部转动的幅度甚至比人的腕部还大，可以使用各种工具，这在世界上还是首创。这种机器人靠人控制操作，当它把用摄像机拍摄的图像传给宇航员，宇航员就按需要运动自己的手臂和手指，宇航员手套上的传感装置将这些运动信号传给机器人，机器人就可以重复宇航员的动作，像人一样完成工作。用这种机器人给宇航员打下手，无疑会提高宇航员的工作效率。但它终究不能完全代替宇航员，因为太空中工作复杂艰巨，常有意想不到的困难，所以大部分工作还要由善于思考的宇航员完成。

据称，这种机器人投入使用还需 3～5 年。

最小的机器人

1992 年，日本精工爱普生公司开发研制出一台光敏微型机器人"先生"，体积不到 3 立方厘米，重 1.5 克。它由 97 种不同的手表零件制成。充上电后，这个机器人能以每秒 1.13 厘米的速度移动大约 5 分钟。

水下机器人

由于生产和生活的需要，我们不断地开发和消耗着陆地资源，随着时间的推移，我们必须寻找新的资源领域，海洋就是其中之一。要发掘海洋丰富的矿产资源和生物资源，但海底特别是深水海底的开发，靠人下潜存在很多困难和危险，因此研究探索水下机器人是非常必要的，于是，世界各国迫不及待地开始研制水下机器人。

海底的情况十分复杂，它既不同于陆地，也不同于太空，给机器人的研制带来很大困难。首先是海底压力大，随着下潜深度的增加，压力不断增加，到 6 000 米海底，水下压力竟达到 $600×10^5$ 帕多，而水下机器人各部分必须承受这么大的压力；水比空气密度大，就是说机器人在水中运动要消耗比在空气中更大的能量。海水是导电物质，能使无线电波迅速衰减，甚至无法传播，只好代之以水声技术，而且还要求机器人的电气设备、插件及电缆不能丝毫渗漏；光波在水中散射，会被消耗和吸收，使传播距离缩短，给红外照相、遥感及远距离摄像带来困难；另外，由于海浪大，机器人回收困难也加大。

6 000 米水下自治机器人

我国有辽阔的海域，国家对开发水下机器人非常重视。1985 年，我国自行研制的第一台有缆水下机器人"探索者"诞生，1994 年曾在西沙群岛海域试验成功。

CR-01 是我国自行研制的 6 000 米水下无缆自治机器人，外形像一个小潜艇，长 4.374 米，宽 0.8 米，高 0.93 米，质量 1 305.5 千克，由载体系统、控制系统、水声系统、收放系统 4 大部分组成。机器人上装有垂直推进器和侧移推进器，机动性强，能自动定深、定向，装有长基线声学定位系统和卫星定位系统，配备各种传感器、探测器，便于

我国"探索者"机器人

记录温度等参数，装有 CPU 及多级递阶控制结构，方便编入、修改程序。最大航速 2 节（"节"是速度单位，1 节 = 1 海里/小时，1 海里 = 1 852 米），续航时间为 10 小时，定位精度 10~15 米，能完成水下摄像、海底沉物目标探测、海底地势测量、海底多金属核矿测量等任务。

CR-01 机器人

1995 年 8 月两次完成了太平洋海底功能试验，1997 年 5~6 月完成了工程化试验，并对太平洋海底的多金属核矿进行了调查。CR-01 机器人的成功使我国对地球海洋 97% 的海域具有了详细探测的能力，从而使我国在深海探测方面位居世界强者之列。

在此基础上研制的 CR-02 机器人，外形酷似鱼雷，直径 800 毫米，长 4 米，可以紧贴海底工作，它的功能扩大为：深海深度、温度、海水流速的调查，深海海底资源调查、海底采矿的前期调查。

机器人水下救险

2000 年 5 月俄罗斯国防部宣布，正在参加军事演习的 K141 库尔斯克号潜艇在巴支海水深 108 米处搁浅，艇上有 118 位海军官兵、两个反应堆。适逢

天气恶劣，营救工作难以进展，当时，全俄罗斯甚至全世界人们都在关注此事，因为这牵扯到118位海军官兵的生命！俄罗斯政府被迫接受国际援助，先拟用英国R5深水潜艇，但由于库尔斯克号毁坏严重无法对接，又想改用英国和挪威的潜水员，使用潜水钟与舱口对接，实施中又遇到困难。人们此时想到只有用机器人下潜救援，拟先用挪威水下机器人下潜，然后用切割能力强的英国机器人切割，为英国微型潜艇接近库尔斯克号打通道路，两者协同

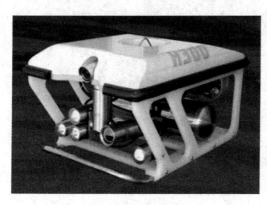

水下机器人

作战，以救出库尔斯克号上尚活着的官兵。终因库尔斯克号损坏严重，这一计划未能实现。在整体打捞不可能实现的情况下，决定用机器人将库尔斯克号切割，即用最新研制的水下链条锯在适当位置将艇身切割，分段打捞。在整个打捞过程中，无论是清理艇身上的附着物，还是对残骸进行水下勘测，机器人都担当了主要角色，与潜水员共同协作完成任务。

从上述事件中可以知道在水下救险中，机器人可以和人类共同协作完成任务。

机器人水下修光缆

2001年初，中美海底光缆被作业渔船阻断，由于光缆位于水下70米，潜水员一般下潜深度为60米，不可能靠人潜水维修。此时，日本KCS海缆船值班，日方于2月15日放下无人遥控潜水器（水下机器人）——"海狮"前去维修，并担任主要角色，维修步骤是：

（1）机器人下潜，通过扫描检测，找到被阻断光缆的精确位置；

（2）机器人将埋在泥中的光缆挖出、切断，然后，人工将备用光缆与原光缆两个断点接上；

（3）机器人重又下潜，将修复好的光缆进行冲埋（用高压水将海底淤泥

冲出一条沟，然后将修复光缆埋下去）。

水下机器人参加考古

我国云南抚仙湖湖底，有两三千年前沉入水底的古建筑群，为了解开这个"千古之谜"，抚仙湖考古所决定开展水下考古工作，但据事先调查得知，这些建筑遗址约在水下 70 米，而一般潜水员的潜水深度最深为 60 米，于是决定用中国科学院沈阳自动化研究所的水下机器人"金鱼"和 CR－02 水下机器人参与作业，"金鱼"为小型水下机器人，潜入水下深度较深，可达 100 米，但观察范围小，必须与 CR－02 水下机器人配合作业，这也是水下机器人第一次参加考古工作。水下机器人水下作业与潜水员不同的是：潜水员只能进行水下照相、录像；水下机器人则能通过电缆同步将水下得到的信号传送到水面。

水下机器人互救

人有旦夕祸福，机器人在执行任务中也会遭遇不测。2000 年 1 月 2 日装满重油的马耳他籍油轮"埃里卡"号海中断裂沉没，造成海上重油污染，霎时，大西洋海面上"黑潮"滚滚，加上当时风急浪大，悬尘弥漫，狂风更助长了黑潮，海面能见度很低，正在执行勘察沉船任务的遥控机器人"阿毕萨博5000"突然感觉不妙，立刻意识到是被油轮残骸卡住了，这位参加过两次"泰坦尼克"号轮船打捞工作的英雄，使尽了全身解数，也动弹不得，被困在离布列塔尼 70 千米处，孤独地躺在阴寒的海底。于是，法国海事官员赶紧派出第二个机器人前往营救，并继续参与勘察工作，最终完成了任务。

潜水最多的机器人

在美国众多的水下机器人中，"阿尔文"号的地位比较特殊，它每年有200 多天在水下"工作"。目前"阿尔文"号已经进行了 3 500 次多种海洋科学探索，还曾经在地中海 850 米深的海底找到了一颗遗失的氢弹。"阿尔文"号也成功地探寻到沉睡多年的"泰坦尼克"号。

空中机器人

无人飞机

众所周知，培养一名飞机驾驶员是非常不容易的，有人说"飞行员的身体是用黄金铸成的"，意即训练飞行员不仅是技术培养困难，经济花费也是相当大的。然而飞行员的工作，特别是战斗机飞行员是相当危险的，既要应付复杂多变的气候，更要面对瞬息万变的战局。随着科学技术的发展，人们开始考虑怎样保护飞行员的安全，寻求一种途径——找一个"替身"。于是，空中机器人——无人驾驶飞机（简称无人机）应运而生。实际上这与人们对地面危险作业（如扫雷、防爆）机器人的研究是殊途同归的。从1931年制成自动驾驶仪开始，应当说战争是无人机发展的动力，正是由于中东、海湾等几次局部战争，促使无人机发展到今天的水平，就世界范围来说，美国和以色列走在前面。

空中机器人又叫无人机，近年来在军用机器人家族中，无人机是科研活动最活跃、技术进步最大、研究及采购经费投入最多、实战经验最丰富的领域。80多年来，世界无人机的发展基本上是以美国为主线向前推进的，无论从技术水平还是无人机的种类和

"暗星"无人机

数量来看，美国均居世界首位。

纵观无人机发展的历史，可以说现代战争是推动无人机发展的动力。而无人机对现代战争的影响也越来越大。一次和二次世界大战期间，尽管出现并使用了无人机，但由于技术水平低下，无人机并未发挥重大作用。朝鲜战争中美国使用了无人侦察机和攻击机，不过数量有限。在随后的越南战争、中东战争中无人机已成为必不可少的武器系统。而在海湾战争、波黑战争及科索沃战争中无人机更成了主要的侦察机种。

无人机的飞行

有人驾驶飞机从起飞、空中飞行到降落无疑都离不开驾驶员，早期的飞机完全由驾驶员直接操纵，现在一些先进的战斗机和运输机，都已经采用了自动驾驶仪，即使如此，仍必须受驾驶员的监控。

起飞

无人机的起飞一般有以下几种形式：

（1）弹射起飞。无人机被装在发射架上，用助推火箭或橡皮绳弹射到一定高度，再启动无人机发动机飞行。

（2）空中投放。先由某种型号的大型飞机（也称母机）携带到空中，到了指定空域，启动无人机发动机，使其与母机脱离，自主飞行，这一过程也叫做"投放"。

（3）起飞车起飞。利用无人机发动机驱动起飞车滑跑，到一定速度时，无人机脱离起飞车起飞。

（4）滑跑起飞。无人机与有人飞机一样装有起落架，先启动发动机，然后由地面操作人员遥控飞机在跑道上起飞。

空中飞行

有人飞机在空中飞行完全由驾驶员操纵，无人机则按照不同的活动半径，有以下几种控制方法：

（1）有线控制。飞行距离短的，可以用有线控制，地面站工作人员靠光缆或电缆操纵飞机飞行，无人机也靠光缆或电缆反馈信息给地面站。

（2）无线控制。飞行距离较远的用无线电遥控无人机。

（3）程序控制。飞行距离在 5 000 千米以上，就用程序控制，即事先将无人机的航线、侦察目标、时间等输入无人机控制系统，程序控制装置通过自动驾驶仪来操纵无人机飞行。

降落

无人机的降落（也叫回收）与一般飞机不同，因为多数无人机没有起落架。

（1）伞降回收。无人机到达程序预定或遥控指挥的一定空域时，自动或遥控打开降落伞，降落到一定的地面或水域。

（2）空中回收。无人机打开降落伞在空中飘落时，母机（比如直升机）将其回收并带回机场着陆。

（3）阻拦回收。在遥控指令下使无人机低速飞向阻拦网（阻拦网是一种由弹性材料编织的网），无人机撞上后，速度很快减小到零。

（4）着陆回收。地面工作人员遥控改变无人机的飞行姿态，减小速度直到着陆。

无人机的优势

结构紧凑

由于没有驾驶员，飞机上就免去了驾驶舱部分结构，而且还省去了为保证飞行员安全的机载设备部分，这样就使得无人机结构更紧凑，据称美国新研制的无人驾驶战斗机外形

"别动队"空中飞行机器人

只有 F－16 的一半大，甚至可以拆成部件装在集装箱内。

速度更快、机动性更好

载人飞机的速度、加速度都因为飞行员的承受能力而受到限制，飞机俯

冲、爬高、急转弯时，会产生很大的离心力、失重和超重，飞行员一般能承受的重力加速度是 7~8g，而无人机则可承受两位数的重力加速度。

成本低廉

不仅由于无人机结构紧凑、设计简单，使得飞机本身造价大大降低，而且载人飞机对飞行员的训练费用也相当昂贵，据称美国训练一名飞行员约需 200 万美元，更何况平时飞机的维护消耗也相当大，而无人机不用时可以放在机库里，可以说不用消耗维护费用。

避免了飞行员被俘、伤亡的危险

前面我们分析了培养飞行员是非常不容易的，但战争是残酷的，二战中美国就死亡飞行员 5 000 多名，被俘人员中 90% 是驾驶员和空勤人员，飞行员被俘是战争中棘手的问题，往往会引起外交和政治危机，海湾战争中对拯救美国被俘的 F-15 飞行员意见分歧，险些造成对伊联盟的解体。

适合在任何危险地区飞行

无人机可以到人不能到达或有危险的地区飞行，比如受细菌、化学、核污染的地区，去摧毁敌人的防空设施等。

无人机发展中的典型战例

贝卡谷地之战

（1）用无人机侦察。1982 年中东战争中，叙利亚在贝卡谷地区布置了很多 SA-6 防空导弹，形成了强大的防空火力网，对以色列进攻黎巴嫩造成很大威胁，情况十分紧急，派人去刺探已经来不及了，于是以军想到了无人机，每天出动"侦察兵"、"猛犬"等无人机 70 多架次，对叙利亚防空阵地进行侦察，拍摄图像供给指挥部，初步摸清了叙方阵地情况。

（2）用无人机佯攻。以军用 Samson 无人机编队飞越叙阵地伪装进攻，叙军以为以军要进行轰炸，发射防空导弹，结果使以军弄清了叙方雷达布局，发射反雷达导弹摧毁了叙军雷达，给载人飞机创造了安全飞行的条件。

（3）用无人机干扰。以军再出动"侦察兵"无人机进行电子干扰，投下金属箔等，使叙军的观察系统失灵。

在扫清障碍之后，以军出动了大量的攻击机摧毁了叙方导弹基地，而以方没有损失一名飞行员。

这次战斗被公认为是使用无人机的典型战例，也是无人机和有人飞机配合作战的典范。

海湾战争中的侦察先锋

海湾战争中，伊拉克的飞毛腿导弹布置在沙漠之中，美国飞机要去侦察，必须要长距离飞行，非常危险，为此，美军派出了无人机"先锋号"。这种无人机翼展5.15米，机长4.26米，速度为185千米/小时。

（1）与战舰配合作战。当时，"先锋号"昼夜飞行在海湾上空，它们从战舰甲板上起飞，侦察后，迅速将结果回报指挥中心，舰炮立刻轰击，致使伊方的炮兵阵地、指挥中心屡遭破坏。

（2）为陆军部队开路。"先锋号"在空中拍摄大量照片，为陆军提供伊军坦克、导弹阵地分布等重要情报，之后，美军用攻击型直升机和炮兵部队打掉了伊军几乎全部火炮，为陆军扫清道路，使陆军顺利进军。

在整个战斗中，"先锋号"先后飞行300多架次，仅1架被击中，4架因电磁干扰而失灵。

无人机家族的繁衍

无人机的"祖先"诞生于20世纪20年代，当时是作为靶机使用的，到了20世纪50年代，逐渐发展成为侦察机。

纵观无人机的发展，可以人为地划分为3代：

第一代无人机：一般携带电视摄像设备、长焦距镜头或红外线成像机和激光指示测距仪，能进行空中拍摄和目标指示，能在中、低空进行战场侦察、实时数据传输。

第二代无人机：机身用复合材料制造，地面站采用微处理机，发动机功率加大。

第三代无人机：应用先进的气动设计，机体采用复合材料制造，具有隐身功能，电子设备更加完善。

目前，按照用途可将无人机分成以下几类：

1. 侦察型无人机

（1）长航时无人机有：

高空长航时无人机，其高度为 18 000 米，续航时间不少于 24 小时；

中空长航时无人机，其高度为几千米，续航时间不少于 12 小时。

（2）中程无人机，其活动半径为 700～1 000 千米，其中，高空中程无人机，其高度可达 30 000 米以上，速度为音速的 3 倍以上。

（3）短程无人机，其活动半径为 150～350 千米。

（4）近程无人机，活动半径为几十千米。

侦察型无人机中具有代表性的如：以色列的"侦察兵"；以色列和美国共同研制的"先锋"。

2. 电子对抗无人机

（1）电子侦察无人机。用于搜集敌人通信情报、电子情报。

（2）电子对抗无人机。用于对敌人指挥、通信系统进行干扰。

典型的电子对抗无人机如南非的"云雀"、美国的"雌狐"。设计者拟用于搜寻救援、有害物质取样、环境监测、气候观测，还想用于远洋捕鱼作业。

3. 无人驾驶战斗机

（1）X－45A 无人驾驶战斗机。从 20 世纪 90 年代以来，美国着力研究无人驾驶战斗机，现推出 X－45A 无人驾驶战斗机。机长 8 米，翼展 9 米，可以远程控制，也可以按预期指令飞行。其一个最大的优点是可以快速拆卸，拆卸后可以放在包装箱内，仅需要 1 小时即可组装完毕，1 架 C－17 运输机可运 6 架。由于能承受更大的加速度，这种飞机的机动性显然优于有人飞机，且结构紧凑，外形只有 F－16 飞机一半大小，据称 2010 年至 2015 年可付诸使用。

（2）UCVN－N 无人作战飞机。美国海军研制出新一代无人作战飞机 UCVN－N 的全尺寸模型，目标是可对敌进行防空压制、纵深打击和战场侦察。该机为三角形机翼，前掠角 55°，后掠角 35°，没有垂直尾翼和水平尾翼，控制飞行靠两个副翼和 4 个襟翼，武器安装在机身内，必要时加装电子侦察吊舱。采用了 JTl5D－5C 型涡轮风扇发动机作为动力系统。为满足隐身要求，

飞机大量采用合成材料。

原型机正在经过一系列试验，设计者拟在实战机型上采用更大的机翼，以增长飞行时间；采用合成孔径雷达，以使所拍战场照片更加清晰；通过卫星数据链接收、传输数据和指令，使在该机返回基地前指挥部门就可以获得侦察结果。据称该机在2015年左右能够使用。

无人驾驶战斗机

（3）F－4无人攻击机。美国波音公司受国防部委托，研制成无人攻击机F－4，该飞机已通过试飞，是迄今美国第一架可以携带重型武器进行战斗的无人攻击型飞机，它具有高度的"自我牺牲精神"，可以携带炸药和武器撞毁敌方的目标。

微型无人机

一架手掌大小的无人机，能像鸟一样地飞行，具有昆虫的智商，可提供10千米远目标的实时图像，这在10年前是不可想象的，而现在却将变为现实，这就是正在加紧研制中的微型无人机（MAV）。这种无人机是90年代中期才出现的，采用了当今顶尖的高新技术，15厘米翼展的无人机很快将具有10年前3米翼展无人机所具有的性能。微型无人机对于未来的城市作战具有重大的军事价值，在民用领域也有着广泛的用途。

所谓的微型无人机，是指翼展和长度小于15厘米的无人机，也就是说，最大的大约只有飞行中的燕子那么大，小的就只有昆虫大小。微型飞行器从原理、设计到制造不同于传统概念上的飞机，它是MEMS（微机电系统）技术集成的产物。要想研制出如此小的无人机面临着许多技术及工程问题。

最大的困难是动力问题。在微型无人机的开发中，近期最大的困难是发动机系统及其相关的空气动力学问题，而发动机又是关键，它必须在极小的体积内产生足够的能量，并把它转变为推力，而又不增加过多的重量。

由于尺寸小速度低，微型无人机的工作环境更像是小鸟及较大昆虫的生活环境，而人们对于这种环境中的空气动力学还知之甚少，其中的许多问题，都难以用

微型无人机

普通空气动力学理论加以解释。

由于微型无人机只能低速飞行，层流占主导地位，它引起较大的力及力矩，这可能要求用三维方法解释它的空气动力学。微型无人机的机翼载荷很小，几乎不存在惯性，很容易受到不稳定气流如城市楼群中的阵风以及风雨的影响。

怎样控制微型无人机的飞行是另一个难点。首先要有一个飞行控制系统来稳定微型无人机，至少增加其自然的稳定性。这样在面临湍流或突发的阵风时可以保持其航线，并可执行操作人员的机动命令。若微型机需要对目标成像的话，还需要稳定瞄准线。

为使微型无人机自主飞行，要采用重量轻、功率低的 GPS 接收机，低漂移量的微型陀螺仪和加速度计，也可以利用地理信息系统提供地形图导航。GPS 可以大大提高微型机的能力，但目前它在功率、天线尺寸、重量及处理能力等方面均存在不少问题，需要加以解决。而且，系统还要不受电磁波及无线电频率的干扰，要求通信电子元件的质量、功率极高。

一旦飞到空中，微型无人机需要保持它与操作人员之间的通信联系。由于体积重量的限制，目前只能采用微波通信方式。尽管微波可以传播大量的数据，足够进行电视实况转播，但它却无法穿透墙壁，因而只能在视距内使用它，微型无人机的尺寸小限制了无线电的频率及通信距离。当微型机飞出视距或视线被挡住时，就需要一个空中的通信中继站，中继站可以是另一架飞机或者卫星。

要想在战场上实际应用，微型无人机还需要携带各种侦察传感器，如电视摄像机、红外、音响及生化探测器等。这些都必须是超轻重量的微型传感器，因而部件小型化是传感器技术发展的关键。

美国正大力开发微型无人机技术，并研制各种微型无人机平台，有固定翼、旋翼及扑翼式三种。

固定翼无人机

Aero Vironment 公司研制的 "黑蜘蛛"（Black Widow）固定翼微型无人机成圆盘

鬼怪式无人机

形，翼展15厘米，重56.7克，航程3千米，飞行速度为69千米/小时，室外续航时间20分钟，公司希望最终到达1小时。飞行试验表明，黑蜘蛛的隐蔽性很好，很难看见或听到它，它的电动机的声音比鸟叫声小得多，人们不知道它在哪里。

桑德斯（Sanders）公司研制的微星（Micro STAR）无人机，翼展为15厘米，重100克，最大负载15克，耗电15瓦，续航时间20～60分钟，航程5千米，巡航速度为55.6千米/时，飞行高度15～91米，它的最佳飞行高度在46～61米。

微星将携带昼夜摄像机及发射机。地面站是一个2.7千克重的笔记本电脑，以后将改成手持式的终端。微星既可重复使用，也可一次性使用。对操作士兵的培训时间不超过6个月。

微型旋翼无人机

Lutronix 公司正在研制一种15厘米的垂直起降旋翼式无人机，名叫 Kollibri，它是在一个垂直圆柱顶端装上旋翼，摄像机装在底部。利用舵面控制俯仰、横滚及偏航，一个压电石英驱动器移动舵面。动力装置是一台电动机或 D-STAR 公司正在研制的0.1马力的柴油发动机。无人机的直径10厘米，重316克，负载重量100克，微型柴油机重37克，燃料重132克，占整个无人机重量的一半以上。

扑翼式微型无人机

微型无人机在 15 厘米时螺旋桨还可产生需要的效率，但在 7.62 厘米以下就需要采用翅膀了。对于较小的微型机，扑翼可能是一种可行的办法，因为它可以利用不稳定气流的空气动力学，以及利用肌肉一样的驱动器代替电动机。

加利福尼亚工学院与 Aero Vironment 公司等单位正在研制一种微型蝙蝠（Microbat）扑翼式无人机，目的是要了解扑翼方式是否比小型螺旋桨更有效，它的隐蔽性如何，是否可以像蜂鸟一样垂直飞行。

微型蝙蝠的翼展为 15 厘米，重 10 克，具有像蜻蜓一样的 MEMS 驱动的翅膀，扑翼频率为 20 赫兹。该机可携带一台微型摄像机、上下行链路或音响传感器。在试飞中它无控制地飞行了 18 分钟，46 米远，后因镍镉电池用完而坠地。

1998 年初，加利福尼亚大学开始研制一种扑翼式微型无人机，叫"机器苍蝇"，研制的目的是利用仿生原理获得苍蝇的杰出的飞行性能，当时计划到 2004 年底它能够飞行。军方对它的侦察能力很感兴趣，想利用它在城市环境中进行秘密监视及侦察。

机器苍蝇有普通苍蝇大小，样子也像苍蝇。不过它有 4 只翅膀而不是两只，只有一个玻璃眼睛而不是两只球形眼睛。机器苍蝇重约 43 毫克，直径 5~10 毫米，与真苍蝇差不多，它的身体用像纸一样薄的不锈钢制成，翅膀用聚酯树脂做成。机器苍蝇由太阳能电池驱动，一个微型压电石英驱动器以每秒 180 次的频率扇动它的 4 只小翅膀。驱动器的质量大大小于一只绿头苍蝇的质量，但它比肌肉产生的能量密度大得多。

为什么要研制机器苍蝇？因为它的体积小，隐蔽性好。为什么不研制好看一些的蜻蜓呢？因为蜻蜓有 4 只翅膀，使它的复杂性增加了一倍。更重要的是，苍蝇是出色的飞行员，它可以由任何方向上起飞及降落，甚至头朝下起飞。它可以在百分之三秒内改变方向。它的信号处理速度令超级计算机望尘莫及。由于苍蝇飞行的复杂性，使机器苍蝇需要用 4 只翅膀代替两只翅膀。可能使用的技术有直径 1 毫米的微型陀螺仪，以及正在研制中的"灵巧灰

尘"，即在一片微小的硅片灰尘中集成有传感器、通信装置及计算机电源。

　　微型无人机在军事上有广泛的用途，它可进行侦察、生化战剂的探测、目标指示、通信中继、武器的发射，甚至可以对大型建筑物及军事设施的内部进行监视。它特别适合于在城市作战中使用，它可以填补卫星和侦察机达不到的盲区。机上装备的摄像机、红外传感器或雷达可将目标信息传回，士兵通过手掌上的显示器，可以看见山后或建筑物中的敌人。如果装上电子鼻，它甚至可以根据气味跟踪某人。

发射 Brevel 无人机

　　现在微型无人机的研究正在加紧进行，它发展的潜力是很大的。在战场上，微型无人机特别是昆虫式无人机，不易引起敌人的注意。即使在和平时期，微型无人机也是探测核生化污染、搜寻灾难幸存者、监视犯罪团伙的得力工具。

地面军用机器人

　　众所周知，在国家一些重要的军事要害部门周围，都要有全副武装的战士警卫，墙上会拉上电网，在一定范围内作为禁区，禁止无关人员通行，可谓戒备森严，而在美国某个军事仓库外面，见到的是几辆 6 轮车在不停地巡逻，这就是 MDARS – E 保安机器人，它不仅可以在预先设置的道路网上自主行驶，还可以探测出 100 米范围内入侵者的运动情况，它就是一种地面军用机器人。地面军用机器人的形体一般并不像人，多数像是一辆车，所以，也称之为地面军用机器人车辆。

全自主机器人

美国在 1984 年研制成功了第一台全自主车辆，它可以在人不干涉的情况下在道路上行驶，开始时速度为 10 千米/小时，可行驶 20 千米；1993 年经改进后，速度为 75 千米/小时。研制者希望它能用自然语言接受任务，能计划出执行任务的方法，并能不断改进计划。自主车辆的最终目标是能独立地通过复杂地形去完成各种任务。但到目前为止，导航方面尚存在许多技术问题，还需要进一步努力。

全自主机器人

扫雷机器人

由于过去的战争，在全世界留下了上亿颗地雷，无疑成为无辜的人们的灾难，据统计目前每 20 分钟就有一个人死于地雷爆炸，海湾战争中仅在伊拉克就埋下了近 1 000 万颗地雷，要用人工扫雷，需 4 300 年才能除尽。人工扫雷不仅会造成士兵的伤亡，经济代价也相当高，据称人工扫雷的耗费是地雷本身价值的 10～30 倍。由此可见机器人扫雷的迫切性。

扫雷车扫雷有人工扫雷不可比拟的速度，南非的

遥控扫雷机器人

"猫鼬"在道路正常扫雷时速度达 35 千米/小时，详细扫雷为 10 千米/小时。车上装有脉冲感应传感器，可对任何地雷探测并向操作人员发出报警。1998 年美国购买 10 辆，组成扫雷车队。

扫雷车可利用红外传感器或微波雷达穿透地面植皮，准确探得地雷位置，也可用地磁仪发现几米深的金属雷……为提高扫雷质量，研制下一代扫雷车时，人们可能把红外传感器、地面穿透雷达等各种传感器组合成扫雷系统。

保安机器人

安保军事机器人

保安机器人可以用于重要军事要害部门的保卫工作，分室内、室外两种，室内的用于建筑物内部，甚至在狭窄的通道里行走，遇到一定距离内有行人或烟雾，立即报警；室外的则可在重要军事设施周围巡逻，遇有入侵者可先使机器人与之对话，当对方不合作时，操作者可令机器人对其攻击。具有代表性的是美国的"徘徊者"，该机器人质量 18 吨，为 6 轮全地形车，可按程序规定的路线巡逻，时速为 27 千米/小时，巡逻距离 250 千米，它可以装备各种武器，如催泪弹、冲锋枪、自动步枪等。

排爆机器人

一般排爆机器人都装有多台彩色摄像机以观察爆炸物，它还装备一个多自由度机械手，以备搬运爆炸物或拧下其引信雷管；车上一般装有大口径枪支，必要时击毁定时爆炸物的定时装置和引爆装置。

目前，最有代表性的排爆机器人是美国的"手推车"。新研制的"超级手推车"的摄像机可以在距地面 65 毫米处工作，以检查可疑车辆的底部，最大速度为 55 米/分钟，该车质量 204 千克，长 1.2 米，宽 0.69 米，最大高度 1.32 米。

我国研制的排爆机器人"PXJ－2"，由4部分组成：折叠履带—轮式移动载体、4个自由度关节机械臂、观察系统和便携式控制站。它可以搬运爆炸物、销毁爆炸物，以及上楼梯、打毁门锁、搜查房间等。

　　我国另一种以排爆为主要功能的机器人在北京研制成功，除排爆外，还兼有消防、搬运、射击、摧毁、解救人质等功能。和其他排爆机器人一样，主要执行动作是靠一个5个自由度机械臂完成，它可以伸到距地面2.5米高的范围，机器人底部有6个轮子，左、右两排各3个轮子，依靠两排轮子的转动，实现前进、后退和原地转弯，即两排轮子同向

排爆机器人

转动时，车子前进或后退；两排轮子反向转动时，使车子原地转变，动作准确而灵活。利用机械臂前端安装不同的机械手，完成不同的任务。3台摄像机充当机器人的眼睛，用以观察，并将拍摄周围的图像传输到控制台。整台机器人质量180千克，时速15千米，能连续工作6小时。

侦察机器人

军用微型昆虫机器人

　　当前，高科技被广泛应用，给战场侦察和刑事侦查带来很大困难，被派遣的侦察人员的安全会受到严重威胁。使用机器人进行侦察，不仅可避免侦察人员的伤亡，而且机器人一旦"被俘"，还可以通过事先设置的自动引爆程序，使其自行爆炸，光荣"殉职"，

绝不会暴露任何秘密。

美国的 GSR 侦察机器人是由 M114 装甲人员输送车改装的，整车质量为 6.8 吨，可水、陆两用，由 1 台 8 缸汽油机驱动，车内装有 15 台微处理器，内存 8.5 兆字节，并装有卫星导航系统、声学临近传感器、磁罗盘、激光测距仪、高分辨度摄像机等，在没有外部导航时，能自主跟踪其他车辆越过障碍。

这种侦察车还可以进行近距离侦察，美国曾用一种叫做"STV"的侦察车开到距目标 550 米的地方，用远红外探测器通过窗 VI 向目标建筑物内探视，由传感器发回的图像可以看清建筑物内人们的一切活动，甚至表情。"STV"是一种 6 轮车，由 18 千瓦的柴油机和 2.2 千瓦的电动机驱动，由无线电和光缆通信，车上有一个高 4.5 米的支架，时速 16 千米。

步兵支援机器人

现代化战争中，各种先进武器：核武器、激光武器等，杀伤力极高，以战士的血肉之躯去抵挡，危险和损失会是相当大的，因此军事专家们看好用机器人代替人去奔赴战场。步兵在战争中的危险和损失一直是最大的，因此用机器人替代步兵是非常需要的。

步兵支援机器人

美国的"突击队员"遥控车，外形为菱形，重量轻（全质量 160 千克），高度矮（不足 1 米），不易被发现，时速 16 千米，它可以在崎岖地面或松软的地面上行驶，具有很好的越野性能，能完成步兵的一切任务，车上装有反坦克导弹发射器、机枪等武器，能完成反坦克任务。

微型军用机器人

前面介绍的地面军用机器人体积都比较大，容易被发现，也就容易被防范或者攻击，科学家们于是着眼于微型地面军用机器人，美国更有具体计划安排，甚至拟在不久的将来，建立一支微型机器人部队。现已研制出的"扁虱"，只有昆虫一样大小，可以附在敌人装备的部件上混入敌方，也可以对敌人通信系统进行干扰，还可以钻到关键设备中进行破坏，科学家之所以将机器

"土拨鼠"（右）和"野牛"（左）排爆机器人

人外形做成昆虫的形状，是为了迷惑敌人，战争中可以用飞机、无人机或导弹将它们发射到敌后方去活动。

救援机器人

目前，在人类的生产、生活中，有一些危险但又必须去做的作业，这些作业严重威胁人类的健康和安全，比如核爆炸取样、炸弹销毁、毒品处理等。为了减少人类所承受的风险，世界先进国家着力研制危险作业机器人，美国机器人工业协会专门成立了"危险环境作业机器人分会"，专门进行这种机器人的研究开发。

火山探险机器人

火山爆发会给周围人们带来巨大灾难，因此人们必须对火山进行研究，而人接近火山口是很危险的。1994 年美国卡内基·梅隆大学、航天局和阿拉

火山机器人"丹蒂"

斯加火山观测站的科学家合作，将一个叫"丹蒂Ⅱ号"的机器人送入斯珀火山口，目的是取得火山口底部的化学及温度特征数据。

"丹蒂"长3米、宽2米，质量400千克，有8条腿，排成2行，每4条腿构成一个框架，框架上的电机和传动装置驱动它的4条腿，由特殊的4连杆机构将每条腿的旋转运动转变成步进运动。前进时，同一框架上的4条腿同时前进，此时靠地面上的4条腿支撑身体，并推动身体前进。它依靠自身的系绳，能够上、下坡及越过1米高的障碍，由于装有3镜筒体视系统、扫描激光测距仪和两台感知传感器，能自动感知周围环境，自行决策行进路线，并避开障碍。

"丹蒂"接受任务以后向火山口进发，爬到了198米的深度，这是火山喷气口区域，利用它所带的传感器采集了气体样品，摄下了图像。工作中，一次不幸发生了，"丹蒂"不慎从深120米的火山壁上摔了下去，并一路侧滚翻。科学家们迅速用直升机救援，突然吊"丹蒂"的绳子又断了，情况十分紧急。此时，一位科学家"见义勇为"冒着岩石打击的危险，攀岩而下，把绳索重新套在机器人身上，随之直升机把"丹蒂"拉了上来。由于"丹蒂"的"勇敢献身"精神，完成了这次探险任务，得到的图像和数据给科学家对火山口的研究提供了重要依据。

反恐救援机器人

2001年9月11日，恐怖分子用飞机撞毁了纽约地标——世界贸易大厦，由于楼高110层，全是钢铁结构，加之飞机携带了大量燃油，撞击引起了剧烈的爆炸和燃烧，产生的高温破坏了楼的结构，于是大楼逐层塌落，楼体大量的钢铁等材料形成山一样高的废墟，救援的人们急需找出其中的尸体，更期望救出生还者。废墟已成残垣断壁，人进去确实非常困难，有些地方可以说根本不可能，美国当局紧急调来两组机器人参与救援工作。

一组是由加利福尼亚州来的改装过的"厄尔比"系统，体积只有鞋盒大小，可以钻到建筑物内部，甚至警犬无法到达的地方。它具有照明设备、生化感应装置，以及麦克风和摄像机，如发现幸存者可以使之与外界沟通。

一组是由来自佛罗里达州的"母子型"机器人，主机器人配有电池、通信设备、电脑和装小机器人的口袋。当遇到主机器人无法通过的地方时，就打开口袋倒出许多小机器人。小机器人不仅体积小，还能变形，比如扁平的比萨饼形或直立形，能从瓦砾缝中钻过去。小机器人也具有通信能力，一旦发现幸存者可以将信息迅速返回主机。

这些机器人与警犬相比，具备不怕浓烟和毒气的优点。尽管机器人和人一道努力，都没能找到生还者，但帮助找到了遇难者的尸体，为这次救援贡献了力量。

美国积累"9·11"救援的经验，加紧研究第二代救援机器人。与第一代相比，第二代机器人更加灵活：为在复杂的废墟上行走，必须要求机器人根据不同情况、按照地形地貌随时改变自己的形状；视力更强，可以分辨各种复杂的现场环境；为适应

反恐救援机器人

高温、着火的环境，增加温度传感器，操作人员可根据现场温度决定机器人是继续工作，还是后撤，避免机器人在正着火的废墟中"牺牲"。

为更有效地打击恐怖活动，美国等国家决定充分应用高科技手段，包括通信监听技术、编码加密技术、面部和指纹识别技术、搜寻探测技术、新型

激光武器、电子对抗技术等。而在对付可疑物或炸弹需及时排除时，就必须利用机器人技术，即使用专门的拆弹机器人，这是一种可在百米以外遥控操纵的机器人，高约 1 米，有摄像头和手臂，靠履带行走，可根据操纵者的指令拆除炸弹引信，避免人工拆弹危险。

这种拆弹机器人出现在以色列、英国、美国等国军队中。

美国近年来研制出一种"全球最小的机器人"，仅重 1 盎司（约 28 克），体积为 4 立方厘米，皮带传动构成灵活的"腿"，可以完成排除地雷、寻找失踪者等任务。